LET'S DO US

Interactive Guidebooks for
Taking Your Relationship to the Next Level

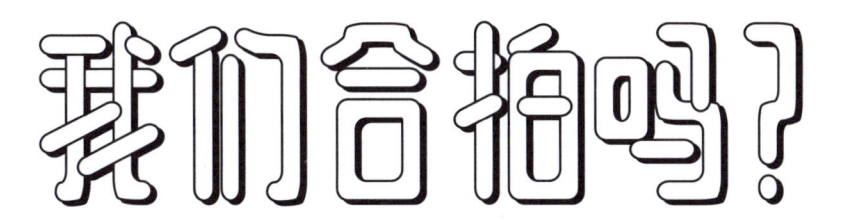

我们合拍吗？

双箭头满分情侣速成习题册

［加］查理·利格蒂（Charly Ligety）
［加］莱斯·斯塔克（Les Starck）———— 著

颜雅琴　谢晴 ———————————— 译

北京联合出版公司
Beijing United Publishing Co.,Ltd.

致亲爱的恋人们

相信我们,这本书是为你而写。如果你正期待一场有趣而浪漫的冒险,就从这里开始旅程吧。这本书非常棒,甚至可能是有史以来最好的一本。但是,如果你想获得真正难以忘怀的体验,书中内容只能提供一定的基础——接下来就看你自己的了。

或许有些老套,但我们真的相信,良好的沟通是情侣获得幸福的关键。频繁、优质的沟通,是提升亲密关系质量的终极武器。不过,尽管有意义的谈话很有用,但要想找到完美的时间/地点/心情/(以及其他借口……),身处足够舒适有序的环境之中,让双方都乐意讨论重要的话题,并不是那么容易的事情。

为了解决这一常见问题,本书为你打造了一套帮助情侣展开讨论的机制。同时,我们也需要你通过文字(是不是吓了一跳?)来分享想法、感受和生活故事,这有助于你和伴侣共同探讨人生中最重要的问题,也可能让你们在这过程中获得一点乐趣。

那么,请坐下来,给自己倒一杯桃红葡萄酒(不知道它现在还流行吗?),一大杯温牛奶,或是一杯冷饮吧。放松地坐下来,彼此依偎在一起。

开始吧。
查理和莱斯

> **读者须知**
> 你如果能认真实践本书中的活动,投入足够的情感,就可能变得更有魅力……就像《恋恋笔记本》(The Notebook)中的瑞恩·高斯林(Ryan Gosling)那样迷人。想象一下那样的自己吧。
> 祝你好运!

3

目录

第6页

导言

第8页
第1章
还记得你们
的初次相遇吗?

开始

第22页
第2章
猜猜对方12岁
之后尿过床吗?

娱乐

第34页
第3章
对方乐意为你买
卫生棉条吗?

价值观

第50页
第4章
聊天时会如何
糊弄对方?

好心情

第70页
第5章
"你打算让锅永远
泡在那儿吗?"

争吵

第94页
第6章
你更喜欢伴侣儿时
的哪张照片?

家庭

第114页
第7章
你不太想过
哪个节日?

信仰与传统

第132页
第8章
你们两个有共同
的朋友吗?

朋友

第144页
第9章
家里有虫子,
谁负责杀?

共同生活

第168页
第10章
猜猜哪里
不能碰

性爱

第188页
第11章
结婚之后
谁管钱?

金钱

第208页
第12章
画张对方30年后
的肖像画

未来

第220页

结语

导言

旅程开始

在这段旅途中，你需要：

- ☐ 一支铅笔或钢笔
- ☐ 你喜欢的饮料（可以多来几杯）
- ☐ 一段稳定的亲密关系
- ☐ 较为成熟的心态
- ☐ 一个相信自己爱你的人
- ☐ 不为人知的秘密（如果你有）
- ☐ 情感包袱
- ☐ 足够的耐心和同理心

务必拒绝：

- ☐ 爱抱怨的消极心态
- ☐ 大规模杀伤性武器
- ☐ 父母、朋友或其他围观群众
- ☐ 手机、智能手表或任何有屏幕的电子产品

导言

实战指南

在这场有趣而浪漫的冒险中，你可以期待得到些什么？唔，其实有很多呢。在我们已获专利（开玩笑啦）的促进交流活动的帮助下，你可以发现并阐明自己对各种热门话题的看法和感受。

以下路标能帮助你在旅途中保持正确的方向。

▶▶ **后续活动**：这一路标提示你活动还未结束，后续计划将告诉你如何应用学到的技能。

◆ **专家建议**：这一部分将提供相应领域专家的建议。大多数意见都很有用，剩下的那些嘛……

☺ **有趣的事实**：这就无须解释了吧。

还记得你们的初次相遇吗?

第1章
第一次
爱情故事
回忆

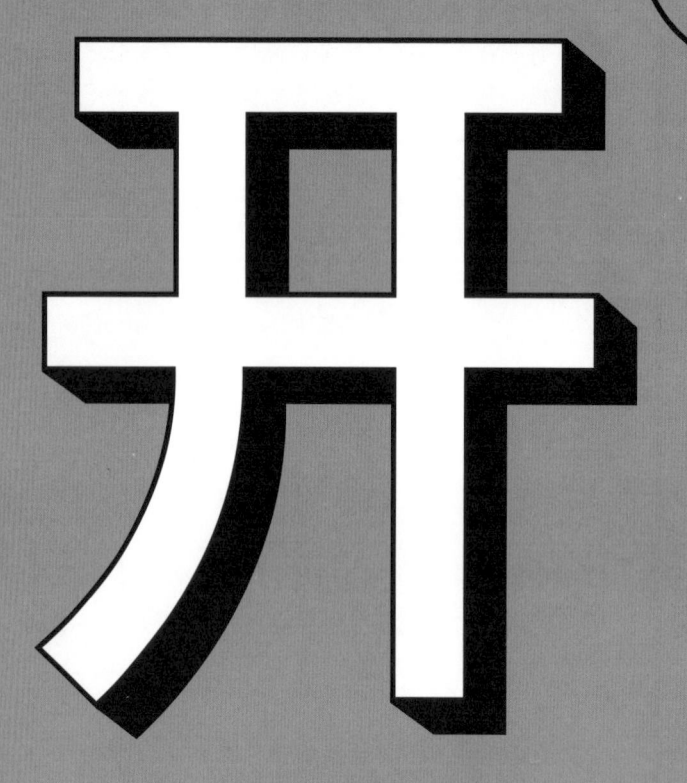

开

始

本章目标

重温这段亲密关系刚开始的时候，讨论你们的第一次邂逅，回忆一路走来的历程。

第1章

你的感受如何

不管这本书是怎么到你手里的,也不管你和谁一起踏上这段旅程,现在,是时候开始思考你对这件事的感受了。圈出你此刻的情绪状态。与此同时,猜猜伴侣此刻的感受。

平静

生气

这是搞什么?

有点兴奋

爱你哦宝贝!

别了吧……

不安

扯淡!!!

无语

能理解……吧?

开始

我有信心　　　　很喜欢这项活动　　　　害怕

狐疑　　　　不要!　　　　紧张

都挺好　　　　我可没有骂人的意思　　　　跃跃欲试

见鬼　　　　彻底绝望　　　　有点奇怪

第一次亲密接触

回答以下有关你们初次邂逅的问题。在每个问题下写出你的答案。请带上细节！

在什么地方相遇？

对方穿什么样的衣服？

第一次聊天的主题是什么？

这次相遇差点没有发生，是因为……

第二次约会 / 相遇是谁主动促成的？

开始

第一次

回忆这段亲密关系的最初时刻。把各自的答案写下来,全部回答完之前不要偷看。完成后,对比彼此的答案——有多少是一样的?

第一份礼物是什么?

你送出的:

你收到的:

第一次一起旅行

初吻*

*是舌吻吗? 讨厌!

第一次见对方父母

第1章

变变变

认识伴侣以来，你发生了什么变化？在下面的比例尺上，给你单身时的选择打个X，现在的状态打O。从X到O画出箭头，这就是你的变化。对比你和伴侣的改变程度。XOXO，爱你们哦。

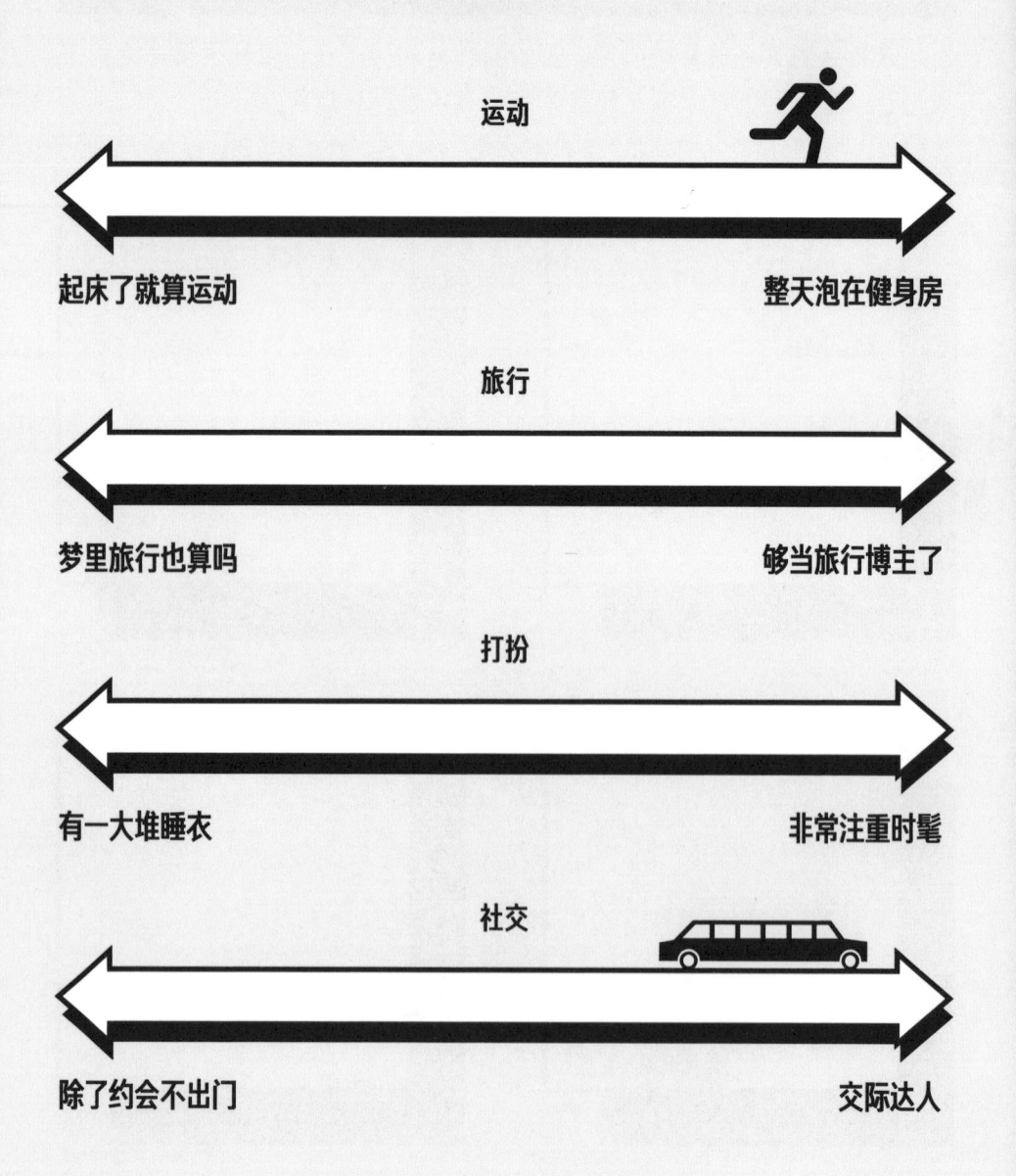

运动

起床了就算运动　　　　　　　　　　　　整天泡在健身房

旅行

梦里旅行也算吗　　　　　　　　　　　　够当旅行博主了

打扮

有一大堆睡衣　　　　　　　　　　　　　非常注重时髦

社交

除了约会不出门　　　　　　　　　　　　交际达人

开始

亲密关系的发展过程中会发生很多变化。在下面的空白处，写出你身上发生的变化（不管是变好还是变差）。想写几个就写几个。

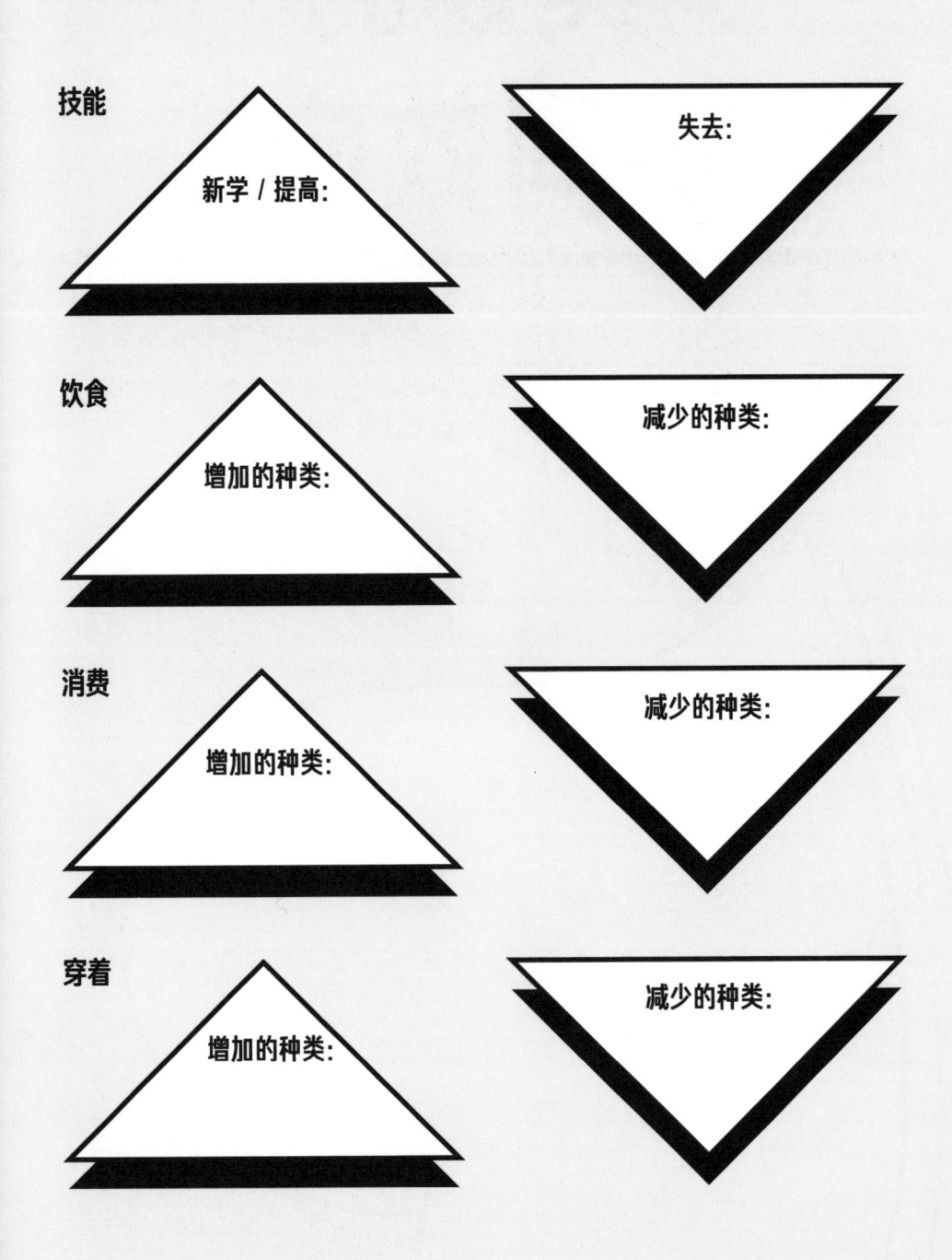

技能

新学 / 提高：

失去：

饮食

增加的种类：

减少的种类：

消费

增加的种类：

减少的种类：

穿着

增加的种类：

减少的种类：

第1章

美妙的协同效应！

亚里士多德曾说过:"整体大于部分之和。"我们不能确定这句话是不是专门针对他的伴侣而言,但若真如此,可真是对极了！你从这段亲密关系中得到了什么美好的东西？认真想一想,将这段关系给你的生活带来的好处之一写下来。然后猜一猜,你的伴侣又从中获得了什么呢？

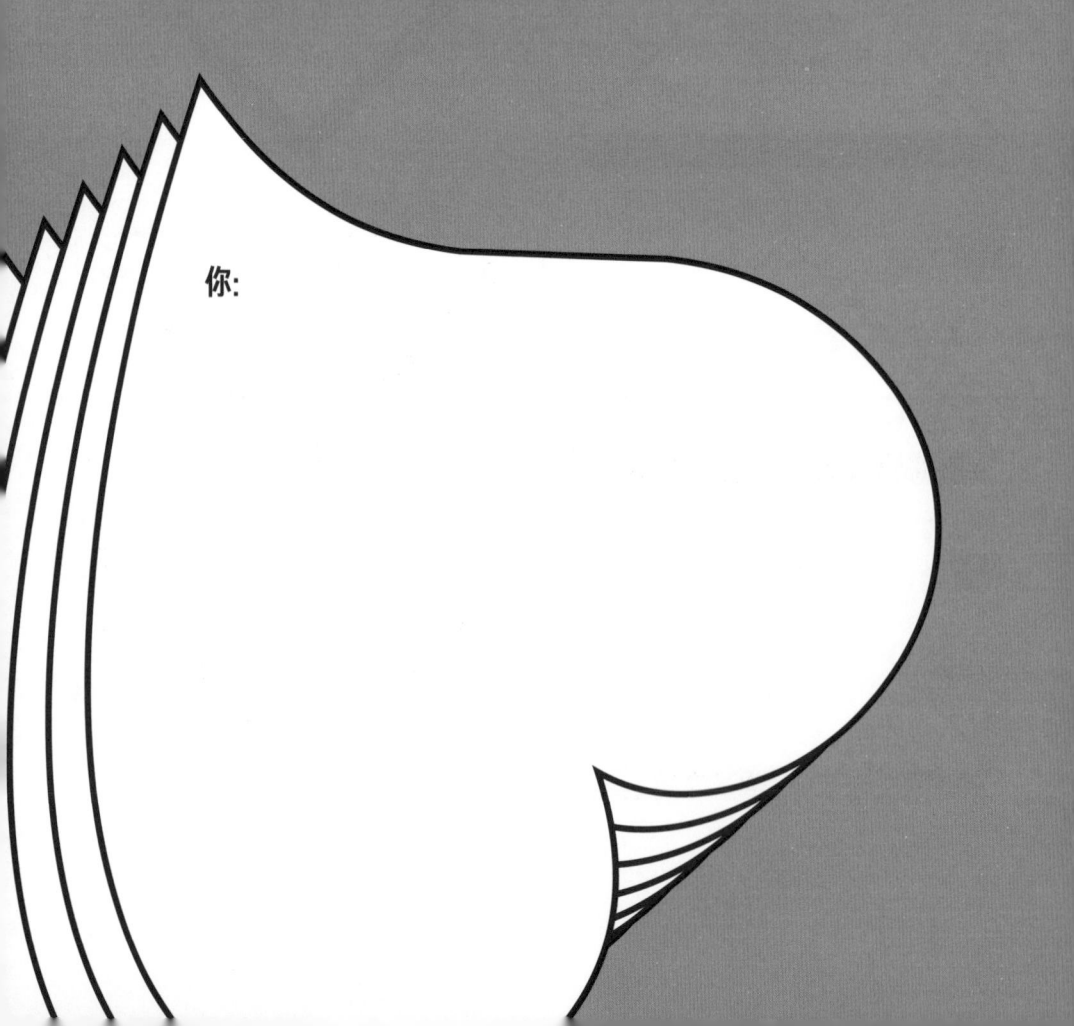

你:

伴侣:

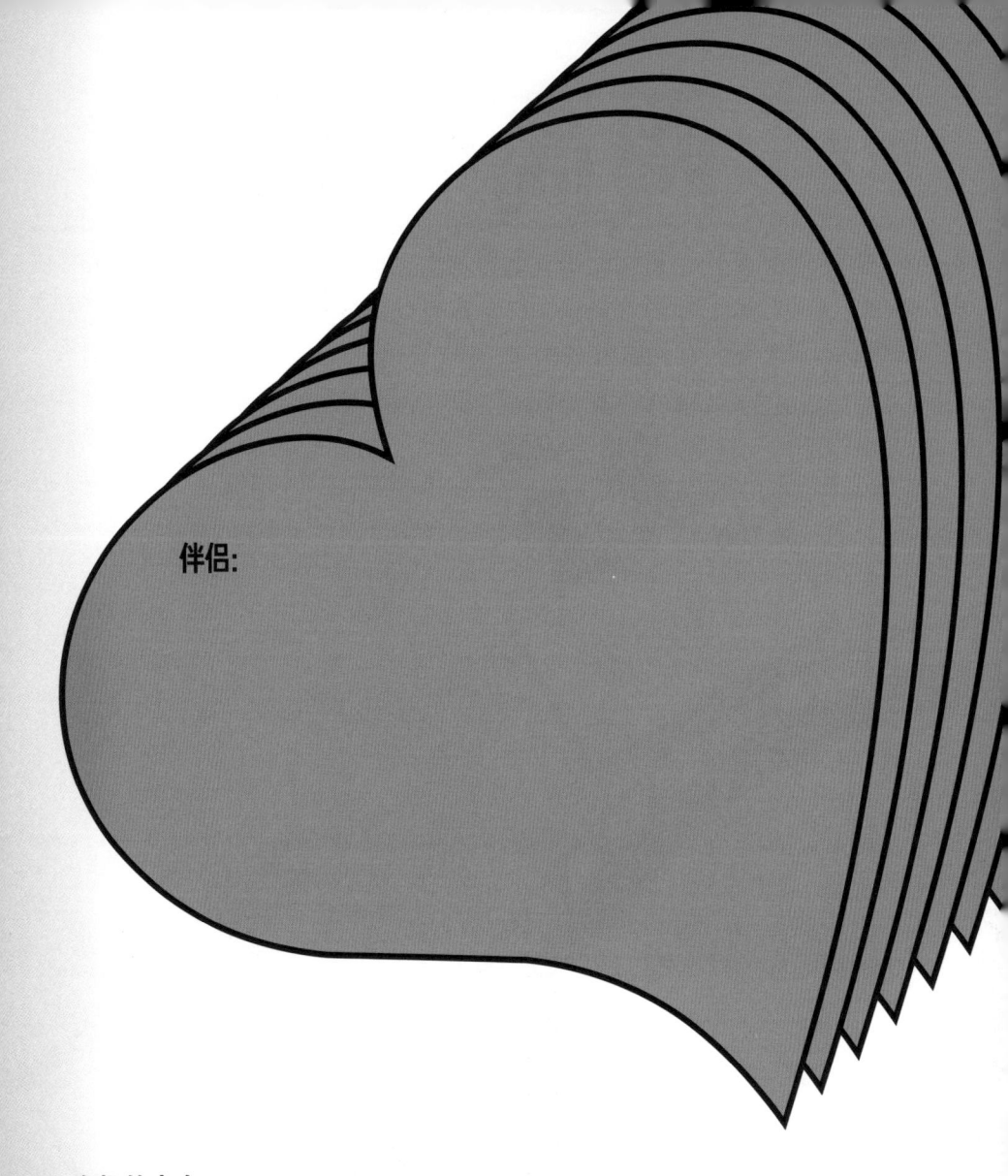

☺ 有趣的事实

当两个伟大事物相逢，生成令人惊叹的美好新产物时，全世界最美妙的协同效应就产生了。举几个例子吧——奥利奥饼干配牛奶、多力多滋玉米片卷塔可馅、著名歌手埃米纳姆（Eminem）加上传奇音乐人艾尔顿·约翰（Elton John）[1]，船与房子结合为船屋，叉子加上汤匙，就变成了叉勺。

---

[1] 二人曾在格莱美颁奖现场合作演出经典说唱歌曲《斯坦》（"Stan"）。——译者注

第1章

两高一低

所有的关系都有起伏高低。在下面的过山车里,写下两个你最喜欢的时刻和一个你们关系的低谷。是什么让高峰时刻如此美妙?你们又是如何渡过低谷的?导致低谷的问题已经解决了吗?还是仍在反复出现?

高峰:

低谷:

开始

♦ **专家建议**

可以通过这种游戏来交流你们的日常生活情况。不要只简单交换标准答案——"今天过得怎么样?""挺好的。"应该多询问伴侣每天具体过得怎么样(表现出真正的关心),有哪些细节,发生了什么好事与坏事。好了,开始享受吧!

高峰:

第1章

爱的过程

写下你体会到如下浪漫心情的时候。然后轮流分享这些珍贵的回忆，将故事讲出来。

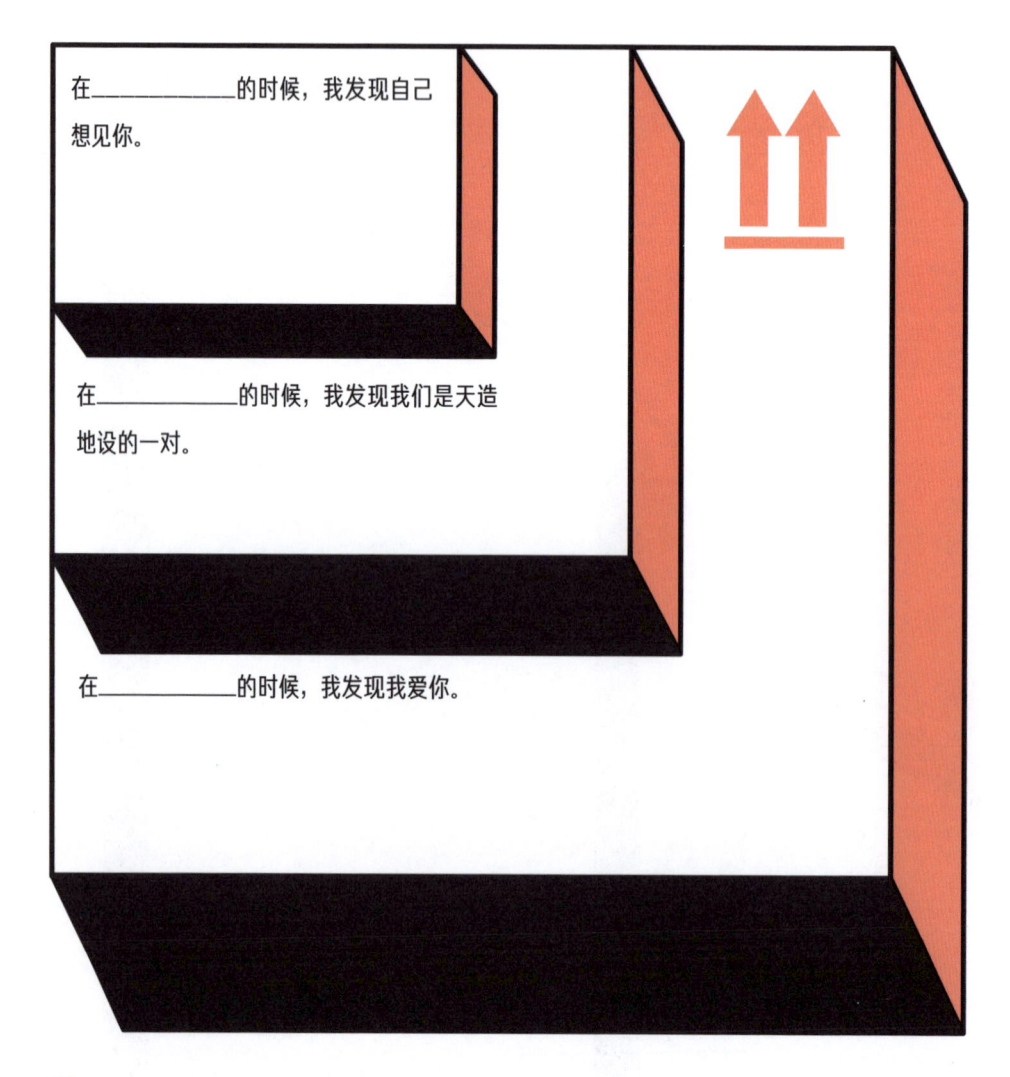

在_____的时候，我发现自己想见你。

在_____的时候，我发现我们是天造地设的一对。

在_____的时候，我发现我爱你。

开始

爱你久久

1.
2.

*如果你的伴侣写的答案是"因为你有钱",问题可能有点棘手……

接下来要开始有点风险的部分了,不过,我相信你们俩的关系足够认真而充满爱意。你有没有问过自己,是什么让你越来越爱对方?你有没有和伴侣分享过个中原因?列出你决定继续这段关系的两大原因*。

猜猜对方12岁之后尿过床吗？

第2章
疯狂的趣事
垒球问题
土味情话

娱

乐

本章目标

从你的伴侣身上发现一些有趣、新鲜的东西。分享有趣的故事，不要害怕坦诚相待。发掘彼此的新鲜之处，有助于让你们的爱情保持鲜活。

我从来没做过……
（不，实际上我做过）

算一算你做过的疯狂事情吧。把总数加起来，然后和伴侣比一比。谁疯狂的次数更多？你有没有从未告诉过伴侣的有趣故事？

登上报纸头版

染头发或漂头发

驾考不及格

尿床（12岁之后）

被叫进校长办公室

坐救护车（病人就是自己）

亲手建造某些东西

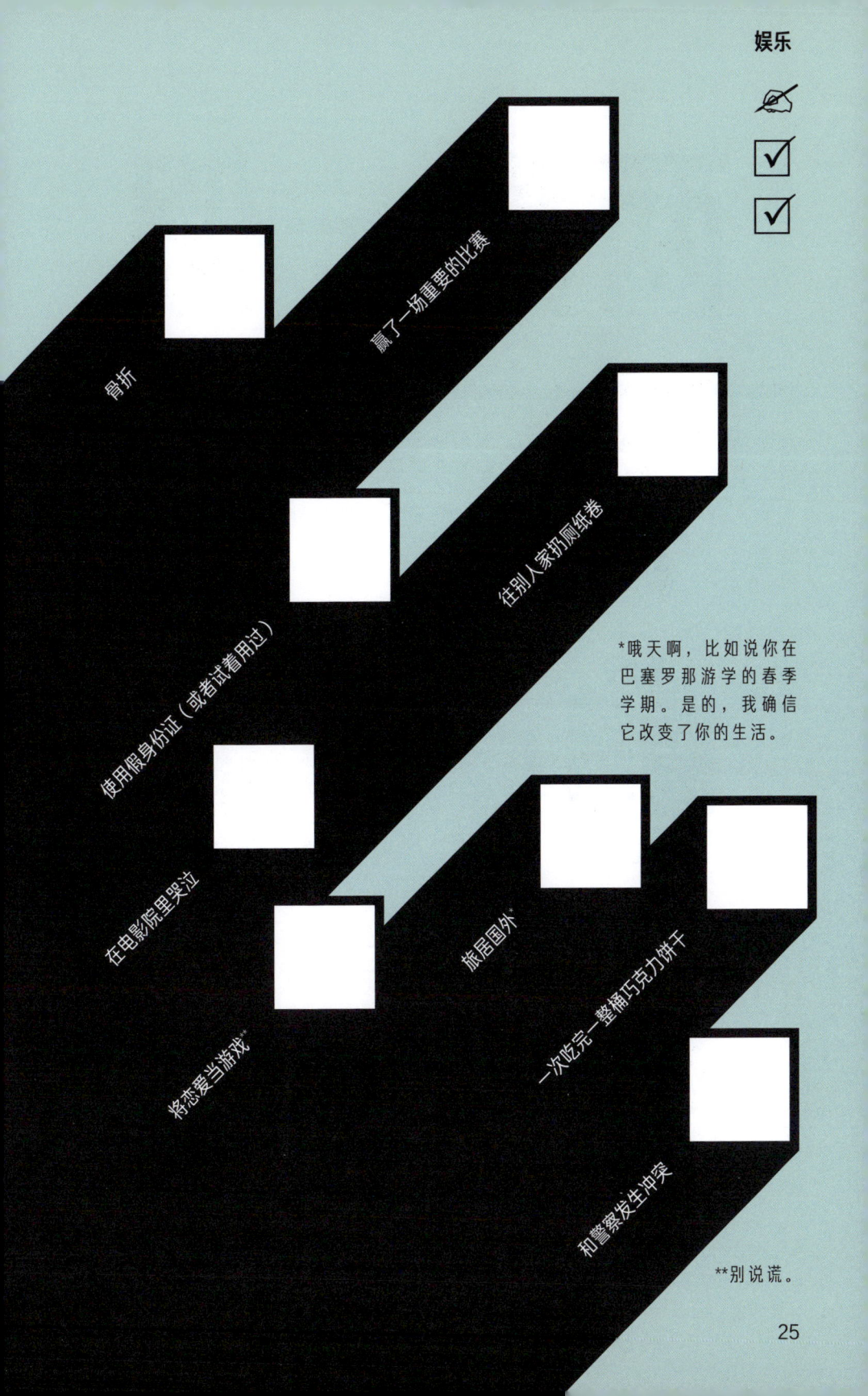

娱乐

☐ 骨折
☐ 赢了一场重要的比赛
☐ 往别人家扔厕纸卷
☐ 使用假身份证（或者试着用过）
☐ 在电影院里哭泣
☐ 将恋爱当游戏**
☐ 旅居国外*
☐ 一次吃完一整桶巧克力饼干
☐ 和警察发生冲突

*哦天啊，比如说你在巴塞罗那游学的春季学期。是的，我确信它改变了你的生活。

**别说谎。

25

第2章

两真一假

不管你已经花了多少时间去了解伴侣,也不可能知道对方每一件有趣的故事。参考下面的主题,轮流讲述三个有趣的事实或小故事,其中两个是真实发生过的,另一个则纯属虚构。猜猜看,对方的故事/事实中哪一个是谎言。

小时候过生日的故事

优秀的学业/运动成绩

高中的尴尬时刻*

最棒/最糟的家庭假日

娱乐

故事2

故事1

故事3

*菲尔高一时剪了个传说中的鲻鱼头，结果在返校节舞会时找不到舞伴，只好带着表妹一起出席。你可真是太"棒"了啊，小菲尔。

13

27

第2章
垒球问题

你认为自己有多了解伴侣？在下面的垒球棒上写下你估计的正确率（八分之几）。然后，从你和伴侣的角度各回答一些琐碎的问题。完成后，比较你们的答案。有几个答案是一致的？请把答题时间限定在几分钟之内。

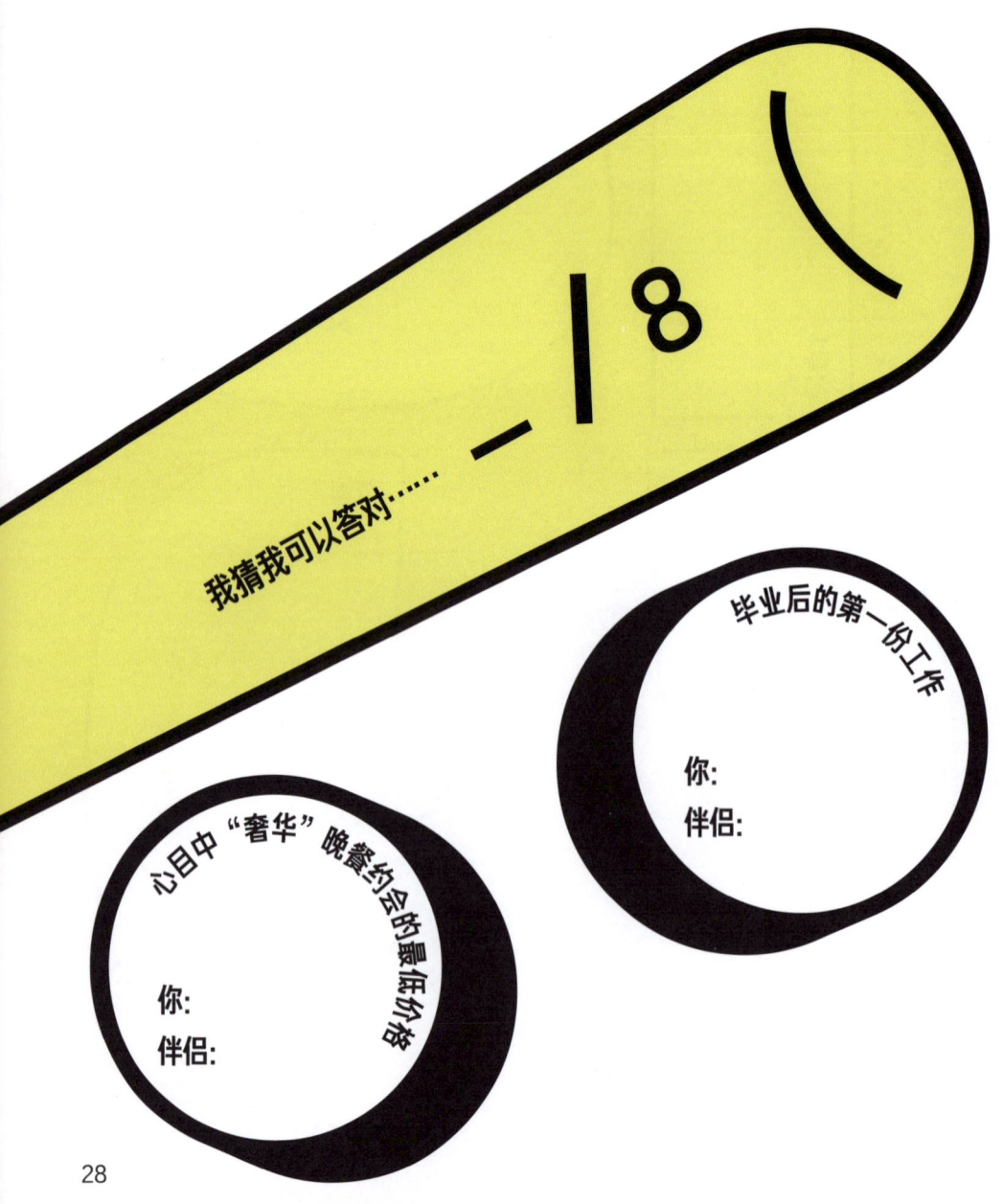

我猜我可以答对…… ─/8

毕业后的第一份工作
你:
伴侣:

心目中"奢华"晚餐约会的最低价格
你:
伴侣:

娱乐

紧张时最常见的表现
你:
伴侣:

最喜欢的食物（价格在35元人民币以下）
你:
伴侣:

上次播放的音乐类型
你:
伴侣:

最喜欢的季节
你:
伴侣:

最擅长的家务活
你:
伴侣:

最近一次浪漫约会
你:
伴侣:

第2章

对彼此最有趣的昵称

你:

伴侣:

最有趣的模仿对象

你:

伴侣:

娱乐

最有趣的天赋 / 怪癖

你:

伴侣:

回忆这些有趣的时刻和才能。
完成后,对比你与伴侣的答案。

第2章

选择相应选项，完成下述土味情话。

1. 你相信一见钟情吗？或者路过你身边时我应该_____。
   A. 后退着走   B. 再走一次   C. 慢慢走
2. 嗯，我已经在这儿了。你另外两个_____在哪儿呢？
   A. 梦想   B. 愿望   C. 幻想
3. 有图书阅览卡真是太好了，因为这样我就能_____。
   A. 观赏你   B. 研究你   C. 留住你
4. 如果你是一页纸上的文字，那一定是_____。
   A. 小字   B. 大字   C. 我喜欢的字体
5. 可以和我共进晚餐吗？微笑代表同意，_____代表拒绝。
   A. 后空翻   B. 街舞地板动作   C. 帮我缴税

娱乐

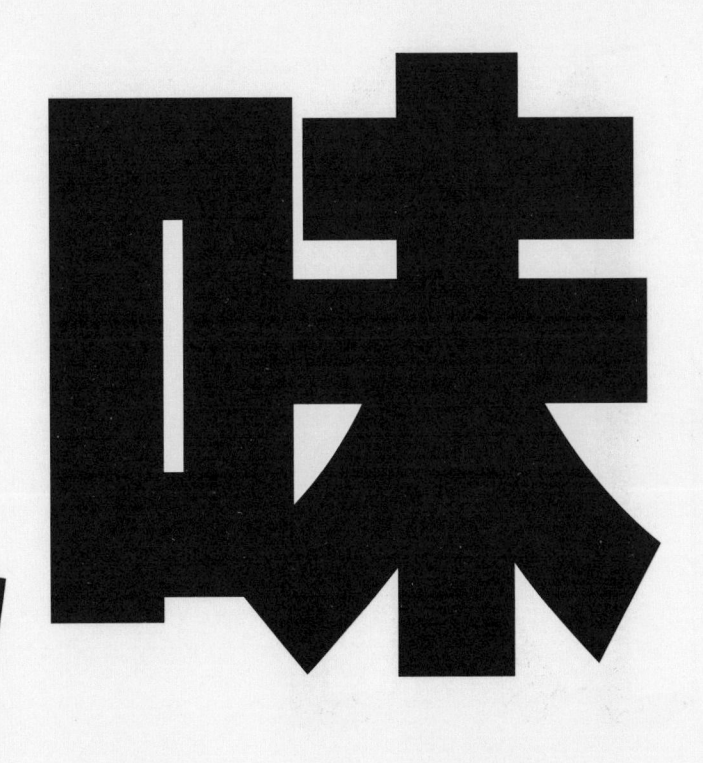

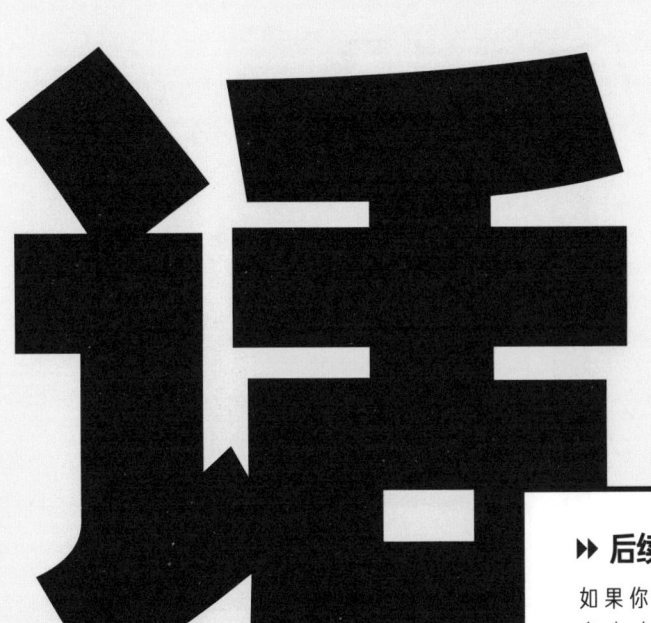

味话

▶▶ 后续活动

如果你认为土味情话只适合单身人士在酒吧搭讪,那就错了。永远不要停止吸引你的伴侣。随时随地都可以用情话点燃彼此的激情。

第3章

优先级
个人实现
时间管理

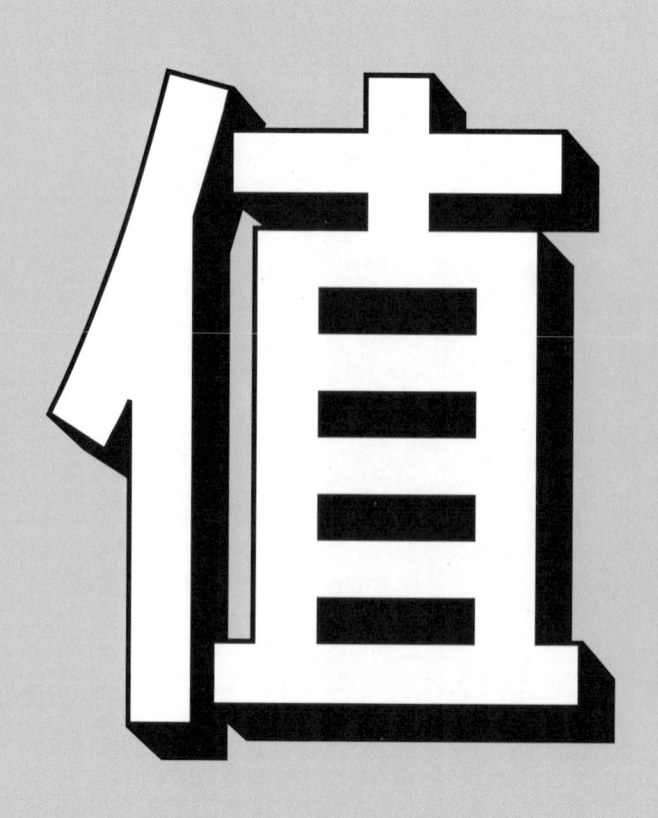

价值

对方乐意为你买卫生棉条吗?

观

本章目标 找出你和伴侣各自最在意的事情。多了解对方的优先级排序,探索满足对方需求的方式。

第3章

盘点

勾选最符合你伴侣情况的选项。完成后相互分享。

	☺	😐	☹
尊重每一个人：	☐	☐	☐
大家认为他/她值得信赖：	☐	☐	☐
大家认为他/她值得信赖（在玩游戏的时候）*：	☐	☐	☐
当你需要时，他/她会优先考虑你：	☐	☐	☐
在户外活动时，他/她会确保你涂了防晒霜：	☐	☐	☐
他/她能够与你感同身受：	☐	☐	☐
他/她能在混乱中保持镇定：	☐	☐	☐
他/她乐意为你购买卫生棉条/防脱发剂：	☐	☐	☐
当你不知所措时，他/她能让你冷静下来：	☐	☐	☐
他/她致力于学习、成长和改变：	☐	☐	☐
在有必要时，他/她会寻求帮助：	☐	☐	☐
他/她让你的生活每天都更有趣一点：	☐	☐	☐

*我们都知道你在大富翁游戏里耍诈，伯恩里克！所以别再胡扯什么"新手运气好"了，你都当了25年"新手"了。

第3章

飞行

情绪问题
- [ ] 经常
- [ ] 偶尔
- [ ] 从不

亲密关系就像飞机:为了保持最佳性能,必须定期维护和检修。只要有一个潜在问题没有主动解决,就可能在飞行途中坠毁。

务必树立这样一种认识,你们都有权定期检查、确认亲密关系的状况。不要认为自己知道伴侣的感受(特别是对男人而言,在情况变得不可收拾之前,他们往往不承认问题的存在)。时常问问自己,你俩正在逐渐靠近,还是越来越远?对于任何需要解决的问题,都应该真诚对待。精密维护才能让你们比翼齐飞,翱翔天际!

你和伴侣多久检查一次以下四种健康状况?对比你们的答案,讨论差异之处。

社交问题
- [ ] 经常
- [ ] 偶尔
- [ ] 从不

价值观

财务问题
☐ 经常
☐ 偶尔
☐ 从不

健康问题
☐ 经常
☐ 偶尔
☐ 从不

39

第3章

装满的杯子

在你的生活中,伴侣很好地担任了哪些角色?还有什么角色需要进一步努力?根据你的伴侣在每一个类别中提供的满足感,填充下图的杯子。在这一部分,需要你和伴侣坦诚相待,这样才能在未来将杯子填得更满。

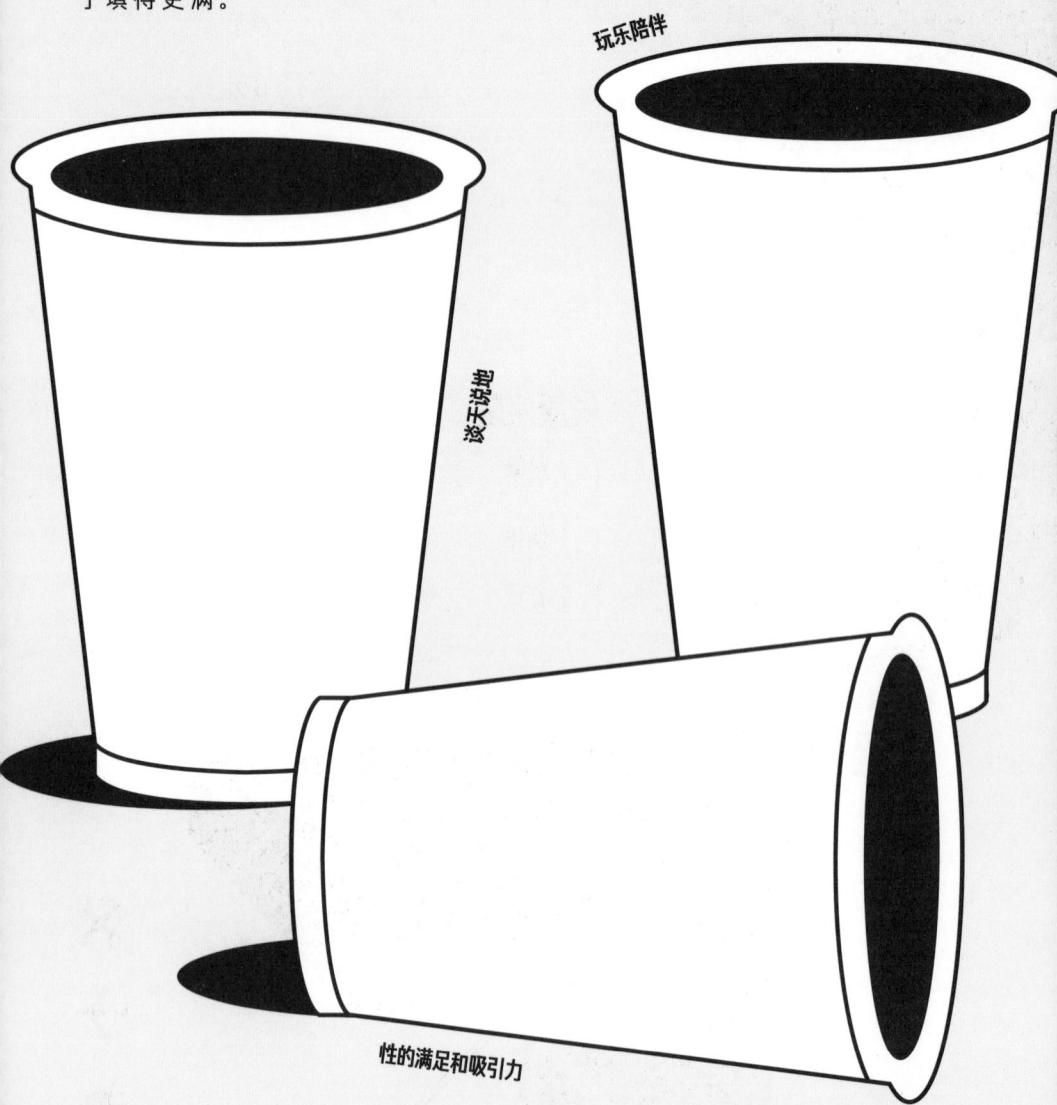

玩乐陪伴

谈天说地

性的满足和吸引力

经济支持

家务贡献

情感支持

▶▶ **后续活动**

你的伴侣眼下只能盛满这么些杯子。多交流彼此的优先级顺序，确保你们都在努力满足对方最重要的需求。如果一个杯子比较空，就再加把劲将它填上。

最重要的事

圈出能描述你伴侣的十个属性,画出能描述你最重要的前五个属性,然后在最重要的五个属性下画线。

> **▶▶ 后续活动**
>
> 比较两人的答案。你们画出的五个属性有没有重叠?有没有你自己想要改善的特质?

价值观

适应能力强	富有同情心	感性	富于想象力	不屈不挠	理智
有冒险精神	沉着	积极	客观公正	开拓精神	羞涩
和善可亲	一丝不苟	热情	独立	豁达	真诚
深情	体贴入微	不偏不倚	鼓舞人心	儒雅	好交际
容易相处	轻松欢快	忠诚	充满智慧	强有力	坚忍
野心勃勃	勇敢无畏	无所畏惧	直觉强	务实	坦诚
心平气和	彬彬有礼	专注	有创造力	主动	善于共处
有趣	有创意	强悍有力	有爱心	安静	深思熟虑
阳光	果断	友好	忠贞	理性	井井有条
大胆	坚定	大方	谦虚	可靠	坚韧
冷静	勤勉刻苦	温和	开放	内向	低调
坦率	长袖善舞	勤于工作	乐观	机敏	善解人意
细心	考虑周到	乐于助人	开朗	浪漫	多才多艺
迷人	充满活力	诚实	充满激情	自信	热心
善于交流	随和	幽默	有耐心	自律	俏皮

43

第3章

涂 鸦 时

随意涂画下面的圆。完成后，阅读下一页的内容，从涂画结果判断你的个性。

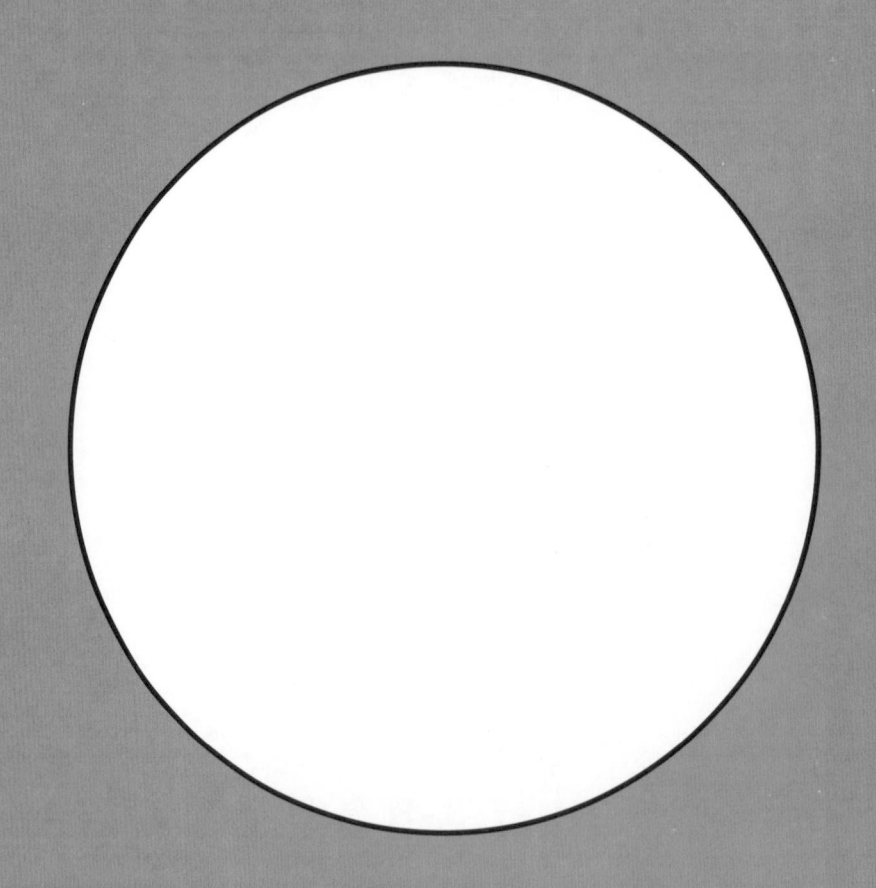

44

价值观

间！

☺ 有点孩子气，但很可爱。

🪐̸ 你一点也不认真，对吗？

◉ 最常见的答案。

● 或许可以再轻松一点？

▸▸ 后续活动

别怪我煞风景，如果你填图的时间超过2分钟，就说明你可能有些过于完美主义了。完美主义导致你时常怀抱不切实际的高标准期望，从而对生活和人际关系产生负面影响。

完美主义的问题在于，它必然会让你感到痛苦。完美是一个很高的标准。没有一种关系是完美的，更重要的是，没有一段关系必须完美。把压力从你和伴侣身上卸下来吧，这是一种解脱。一起来打破完美主义的泡沫吧！

第3章

几点钟?
真的吗?

为右侧时钟画上指针。

价值观

独处时　　　两人时

周末早上9点，闹钟响起。
你会在几点起床？

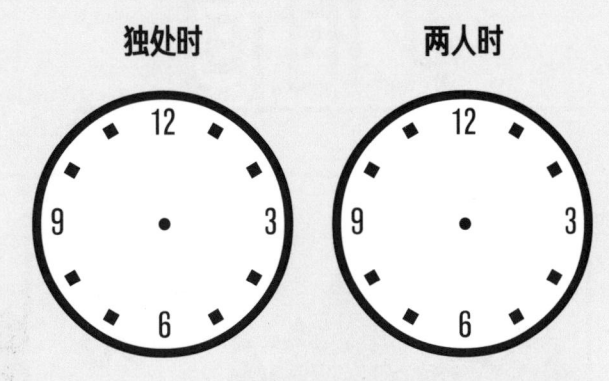

约了朋友11点吃午餐，
你会在几点出门？

下午5点的国内航班，
你会在几点抵达机场？

◆ 专家建议

如果想解决迟到的问题，不要选在情绪上头的当下，而应该等到双方都冷静、放松的时候讨论。此外，请分别讨论某个单独的迟到事件，不要使用诸如"总是迟到"或"从不准时"的指责性话语。为了管理好未来的期望值，试着弄清楚你或伴侣频繁迟到是因为日程安排不当，还是纯粹性情使然。遵循这个建议，你们的关系会更经得起时间考验。

第3章

花时间

你的时间花在哪里，决定了你是什么样的人。下列选项中，你更喜欢用什么方式来消磨时间？

或

- ☐ 去乡村度假
- ☐ 在都市度假

或

- ☐ 花两小时健身
- ☐ 花两小时做饭

或

- ☐ 独自享受头等舱
- ☐ 跟大家一起坐经济舱

或

- ☐ 享受游轮的过程
- ☐ 直达旅行目的地

◆ **专家建议**　如果你们的选择不一致，尝试去理解伴侣的时间观念。请记住，你们未来的人生会一起度过。

生活片段

价值观

你会将多少空闲时间花在生命中最重要的人身上？根据你与伴侣、朋友、家人、伴侣的家人共享时间的百分比，将下面的馅饼分成四块。上面的馅饼代表你目前的时间分配；下面的馅饼代表你理想的时间分配。差异一目了然！

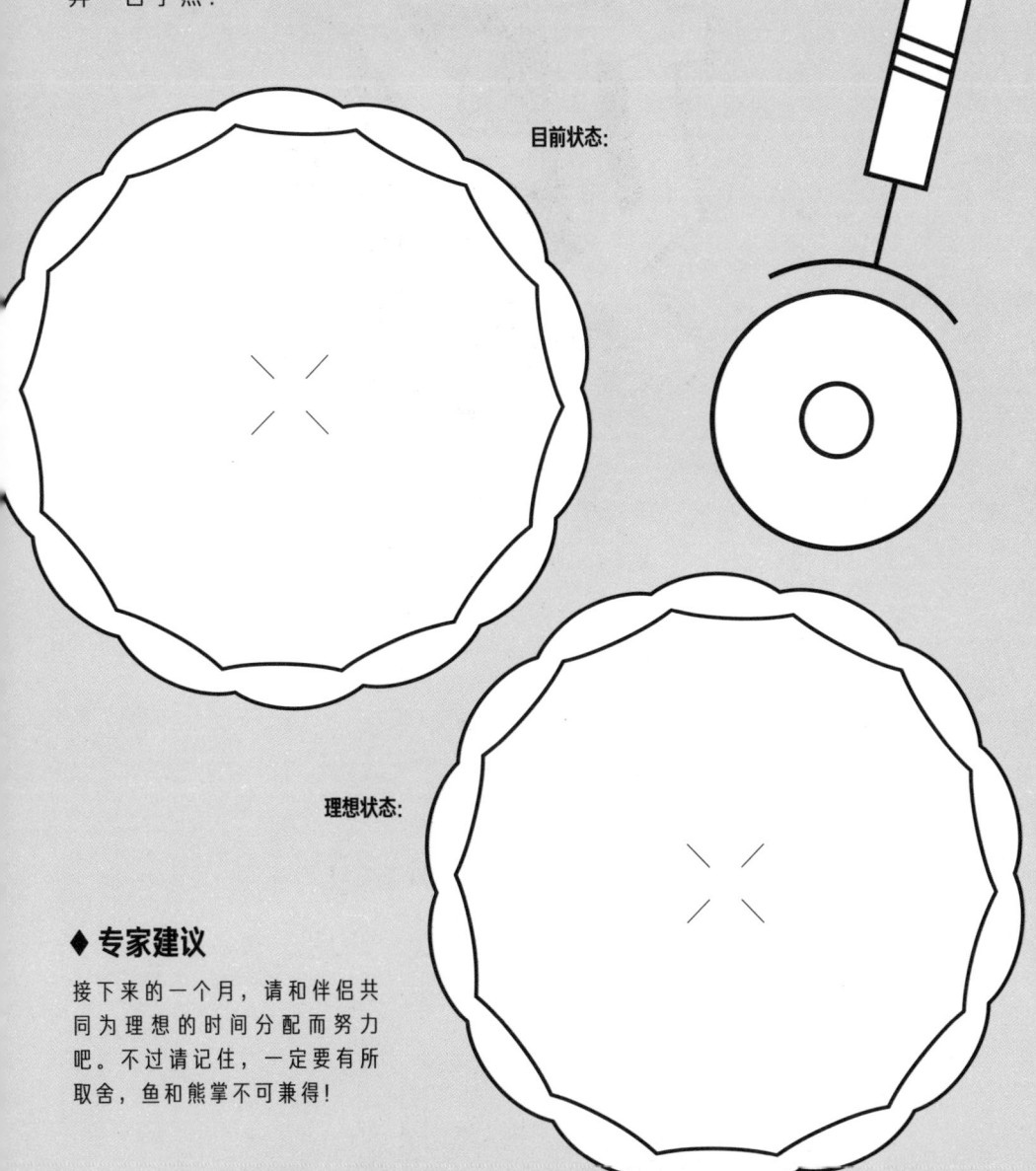

目前状态：

理想状态：

♦ **专家建议**

接下来的一个月，请和伴侣共同为理想的时间分配而努力吧。不过请记住，一定要有所取舍，鱼和熊掌不可兼得！

聊天时会如何糊弄对方?

好

第4章

身体语言
善意
赞美

本章目标
提高沟通能力,更好地了解自己的优缺点,并找到更多的方式来表达对彼此的感激之情。

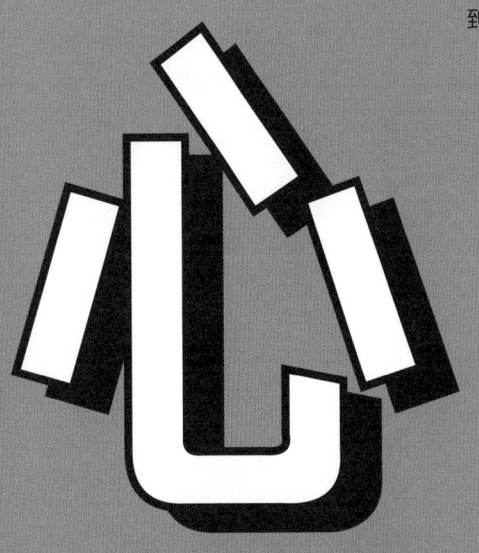

心情

第4章

别眨眼

在接下来的两分钟里（记得用计时器），和伴侣面对面坐着，双手紧握，温柔地凝视对方的眼睛。感受当下。（这当然会有些尴尬，但做完就会明白我们为什么推荐这种方式！）

好心情

第4章

身体语言

除了内容，表达的方式也很重要。别说话，尝试将下列情绪表达给你的伴侣（顺序可以随意调换），让他/她猜猜看吧！

- [ ] 热情高涨
- [ ] 焦虑
- [ ] 钦佩
- [ ] 心烦意乱

- [ ] 生气
- [ ] 感兴趣
- [ ] 沮丧
- [ ] 怀疑

▶ 后续活动

93%的交流都是无声的，而且在很多时候，非语言的互动比语言揭示的内容更丰富。我们应该对谈话中的非语言线索保持敏锐，比如面部表情、身体动作、姿势和眼神交流。

好心情

填写空白……

现在来加强交流技巧吧。完成下列句子。如果你需要提高交流技巧,可以用铅笔在下面的空格中填一个词语或短语。完成后,与伴侣分享你的答案。

在表达想法方面,我认为自己可以评_____分。(10分制)

在表达想法方面,我认为伴侣可以评_____分。(10分制)

交流通常让我感到

描述我自己的时候,我感到

对某人做出承诺,有时会让我感到

坦率地谈论感受往往让我感到

如果你提高交流技巧的想法没那么强烈,可以选用下列词汇

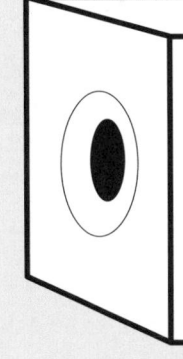

烦死人了　　　　　　　艰苦
充满艰难险阻　　　　　满足
有趣　　　　　　　　　幸福
吓人　　　　　　　　　新奇
太可怕了,天哪!　　　陌生
轻松　　　　　　　　　那是一切事物的基础
非常喜欢　　　　　　　很反感,但有必要
是个弱点　　　　　　　不可思议!
优点　　　　　　　　　令人鼓舞
糟糕透顶　　　　　　　像被枷锁束缚

第4章

伴侣说的鬼话

只有其中一个人喜欢的话题

你：
伴侣：

没听对方说话时的敷衍回应*

你：
伴侣：

结束争执时会说的话

你：
伴侣：

*啊哈，那很棒啊。

好心情

讲过最多遍的故事

你：
伴侣：

特别激动兴奋时会说的话

你：
伴侣：

最常用的流行语

你：
伴侣：

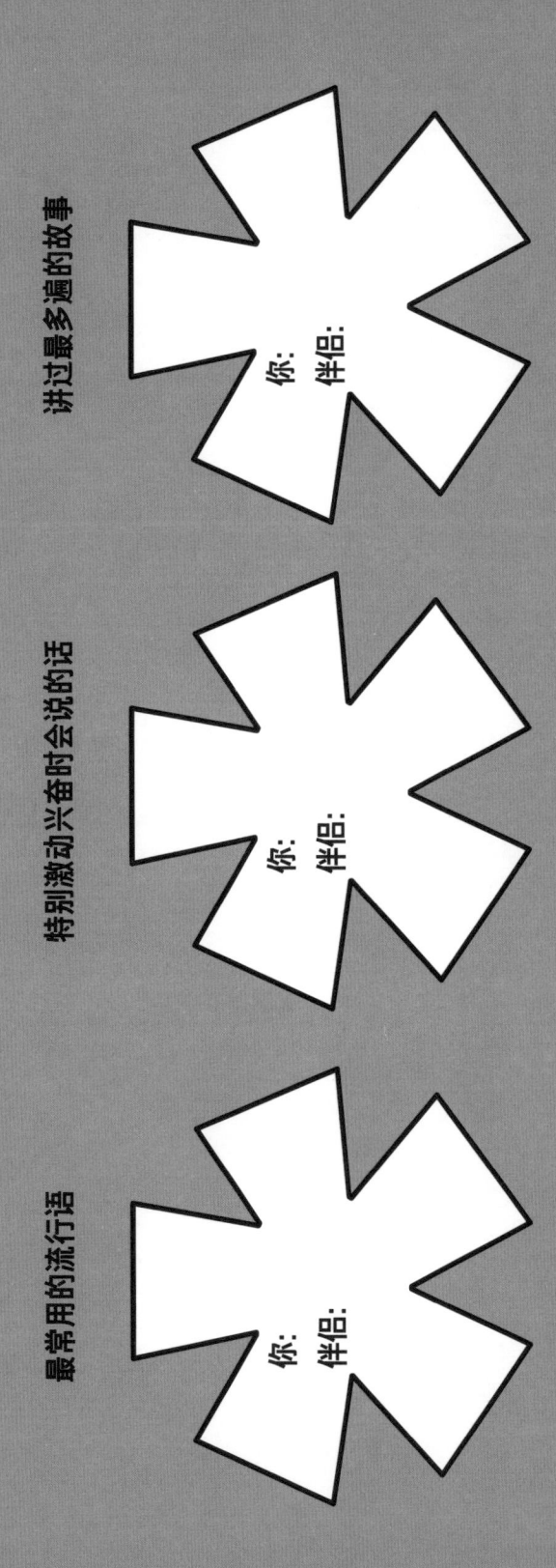

▶▶ **后续活动**

反复听伴侣讲同一个故事确实有点烦，但请保持耐心，因为他/她也得忍受你的重复故事。请保持自知之明。如果你发现自己在不断重复旧的故事，说明有必要阅读一些新的文章或书籍了，或者也可以约伴侣一起开展一次激动人心的新冒险。

57

第4章

额外事项！

在你伴侣的人生中，以下类别里最近发生的一件事各是什么？写出梗概就行了！

最近的朋友八卦	上周亮点

职业事件	家庭逸事

好心情

最近的一次成功	最近的一次失败

◆ **专家建议**

想构建同理心，就要积极倾听伴侣的言谈。清楚了解这些事件，说明你关心他／她的生活，并密切参与其中。

随机的善意举动

你和伴侣会不会做以下行为？分别评出分数，A⁺代表"总是在做"，F代表"从来不做"。

好心情

成绩单

课程	你	伴侣
主动购买小礼物		
主动做家务		
写感谢便条		
为对方将早餐送到床上		
准备生日惊喜		
为对方按摩 （只因为对方喜欢脚部按摩，而且不需要任何回报）		
社区志愿服务		
写情书/情歌		
深深地凝视着伴侣的眼睛说"我爱你"		
平均分		

A＝优秀，B＝良好，C＝及格，
D＝有待提高，F＝惨败

▶▶ **后续活动**

在以上行为中，你和伴侣的成绩有很大差异吗？近期你能做些什么来提高分数？（不用告诉我们，直接去做吧！）

第4章

填出花卉的

好心情

♦ **专家建议**

如果你都想不起来上次买花或做其他讨好对方的行为是什么时候了，请参考上一页获取灵感。

图中名字

1. 绣球花
2. 玫瑰
3. 向日葵
4. 兰花
5. 郁金香
6. 百合

63

学会赞美

赞美是表达欣赏的最好形式。

赞美可以成为巩固一段美好关系的基石。

在下面的方框中,为你的伴侣填写赞美词。

举例:你的眼睛如此美丽,仿佛整个宇宙沉浸其中。

你的＿＿＿＿＿＿＿＿＿

如此＿＿＿＿＿＿＿＿＿，

仿佛＿＿＿＿＿＿＿＿＿。

◆ **专家建议**

研究表明，大多数情侣会赞美对方的外貌。然而，人们通常更喜欢别人夸奖自己的行为。也就是说，不要只赞美他／她那双漂亮的眼睛。如果你不太清楚应如何赞美对方，先试着用具体和描述性的例子来表达"谢谢你"和"我很感激"。我们在此推荐大家使用三段式赞美法。具体操作方式如下：1. 首先，"我很感激你的＿＿＿＿＿＿。" 2. 然后，"我感激是因为＿＿＿＿＿＿。" 3. 最后，"这让我感觉＿＿＿＿＿＿。"

65

第4章

赞美DIY

在下面的方框中,写下你能想到的最贴心的赞美,尽量只是一两句话。先别把赞美的话给伴侣看!下文会提示你在恰当时回过头来阅读这段话。

好心情

▶▶ **后续活动**

赞美的话就像钱一样,能激活大脑的纹状体区域,从而鼓励人们表现得更好。认真倾听对方、经常赞美对方,都能表达你对他/她的欣赏之情。这样做能为健康、充实的关系打下坚实的基础。

第4章

最后的准备

你所做的破坏感情的事*

*是的，比如加班到很晚。

你所做的增进感情的事

你们俩都能做的事

好心情

亲密关系有可能很脆弱。不管你是否意识到了,你所做的事情,要么会损害这段关系,要么会使它更牢固。哪怕再小的事情(积极或消极的都一样)也会随着时间的推移而累积起来。列出一部分你和伴侣目前所做的破坏感情的事情。然后,列出你们为稳固关系所做的事情。完成后,比较并思考有助于增进感情的方法。

伴侣所做的破坏感情的事

伴侣所做的增进感情的事

"你打算让锅永远泡在那儿吗？"

争

第5章

合作

妥协

触发点

本章目标

进一步了解对方的极限和怒点。学习避免、绕开或减轻这些敏感问题。正如亚里士多德所言:"每个人都会发脾气,这个很容易做到。但是,要把脾气用恰当的程度,在恰当的时间,为正确的目的,发在正确的人身上——就并不容易了。"

第5章

迷宫

> ◆ **专家建议**
>
> 请记住这句充满智慧的非洲谚语:"如果你想走得很快,就独自前行;如果你想走得很远,请结伴行走。"

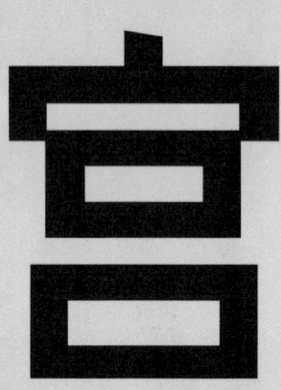

谁能先完成这个迷宫?别让笔尖离开纸面,把你的路径直接画出来。(我们想看看你的错误答案!)预备,出发!

争吵

▶▶ 后续活动

告诉我谁赢了？！你们俩的水平差距很大吗？你们俩都失败了吗？有幸灾乐祸的赢家吗？更重要的是，你们俩是一起完成的吗？你看了几次对方的进度？有没有观察他／她是否需要帮助？（……嗯，我想你会的！）

记住，人生道路绝非坦途，也不是能独自完成的比赛。你们必须齐心协力克服每个艰难险阻，携手前行！

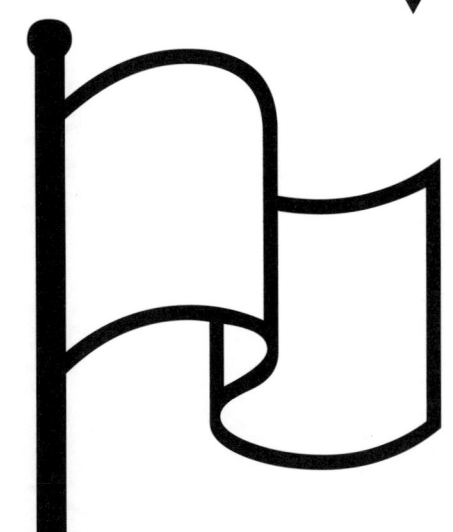

第5章

枕头大战

看看图上这些沙发抱枕，用30秒确定哪个是你最喜欢的。做出选择之后，和伴侣交流答案。

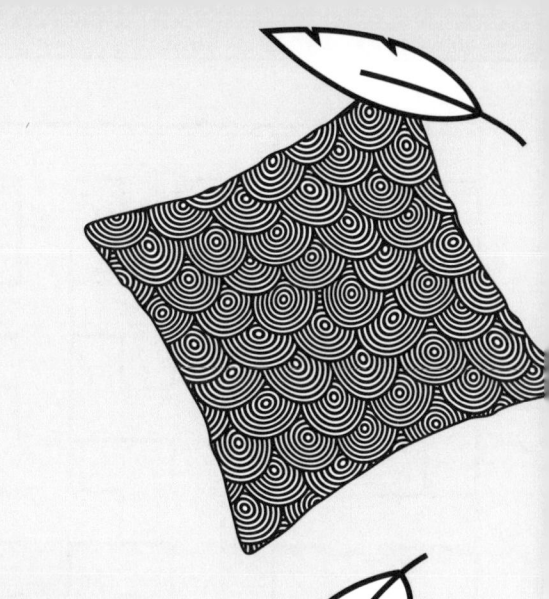

接下来，用一分钟决定你们俩最终买哪个抱枕。只能选一个。（是的，我们知道大多数抱枕都不怎么好看。）

74

争吵

▶▶ 后续活动

最后买了谁选的抱枕？在做出类似选择时，不应该有赢家和输家，只有一系列的妥协。如果你发现陷入了僵局，试试下面这些策略：

- **相互理解：** 通过交流，了解对方选择的理由，找到共同的兴趣。

- **建立互惠关系：** 这次听伴侣的，下次则听你的。

- **两者兼而有之：** 你选择颜色，伴侣选择设计。双赢！

- **如你所愿：** 听对方的，如果你很不喜欢，就在其他方面按自己的喜好要求补偿！

室内设计可能是情侣间最容易产生争执的领域之一，尤其是在第一次同居时。请谨慎选择战术，并且弄清楚什么时候该结束争吵。

第5章

适度的妥协

很多人认为妥协是一种双输的模式，因为双方都在这一过程中放弃了一些东西。然而，比起赢、输或各退一步，其实还有第四个更好的说法：携手前进。

关键是与伴侣一起讨论潜在的细节，重视彼此的需求、兴趣和意见。重点是彼此的利益，而非立场。面对分歧的时候，一起坐下来讨论，更容易得出互利的解决方案。处理潜在的大问题时，将其拆解成更小、更具体的问题，一次解决一个主题，能达到最佳效果。

接下来，我们一起试试看吧。

输　　　输

争吵

出发吧

一起挑选一个近期存在分歧的问题，然后填写下面的流程图。

选一个问题

（让我猜猜，会不会跟养新宠物有关？）

你在意或反对的是什么?

你的伴侣在意或反对的是什么?

你们能够达成一致的是什么?

做什么能让对方开心呢? 跳出框框思考!

第5章

每个人都有不可协商的原则。列出你的三项原则,再猜一猜伴侣的三项原则。这里的"原则"指的是你不愿意妥协的事情(例如每个星期天看足球,禁止在卧室里看电视,生17个孩子,住在特定的社区或城市)。填写完毕后,与伴侣一起讨论。

伴侣:

你:

> ▶ **后续活动**
>
> 很多情侣都认为有些问题是不可协商的,可能会破坏关系。希望你们都能保持以解决方案为导向的心态,认真思考,共同解决许多看起来不可协商的问题。

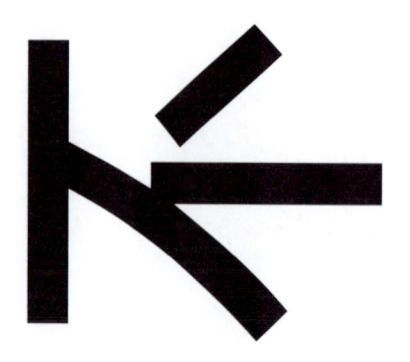

争吵

5个为什么

虽然这看起来像是4岁小朋友玩的游戏（……它确实是），但也的确有用！请按照以下步骤操作，并保持对彼此的耐心。

1. 问问你的伴侣，上周让他/她感到沮丧的事是什么？

2. 再问问看，他/她为什么会感到沮丧？

3. 倾听时尽量去理解对方的情绪，而不是解决对方的问题。* 然后肯定对方的说法："我明白了你为什么这样想，也很理解你的感受。不过，我想理解得更深入一些，再说说看吧，你为什么有这种感觉？"

* 摒除你的个人意见，尝试保持好奇心。现在要做的是探索对方的生活，而不是表达自我。

4. 再一次倾听并肯定对方的感受："我明白你的意思。为什么有这种感觉呢？再多说点吧。"

5. 重复步骤4，然后和伴侣交换角色。

▶ **后续活动**

研究表明，通常要问四五个"为什么"才能找出问题的根本原因。上面的提问程序是为了鼓励更深入的思考，从而揭示问题的根源，并确定适当的解决方案。问"为什么"能够表现你真的很想了解对方的想法。对待周围每一个人时，我们都应该表现出足够的同理心，多问"为什么"是一个很好的开始。

全

写下一件伴侣总是在做的坏事

或无

争吵

写下一件伴侣从未做过的好事

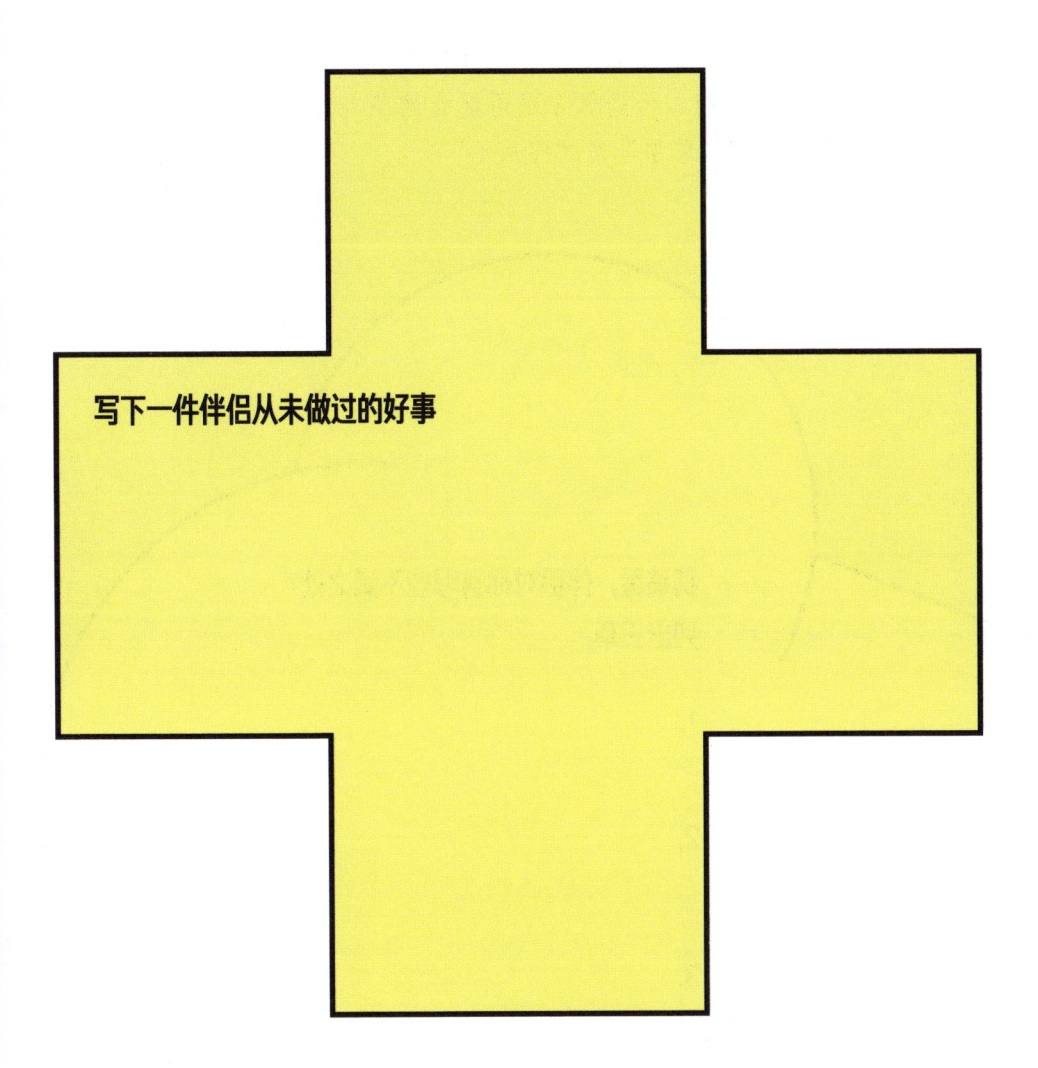

▶▶ **后续活动**

是时候改掉这种坏习惯了——试试看，改变这种说话方式吧。"全或无"的思考模式是指你在描述自己和伴侣的行为时，往往会走极端，要么"什么都好"，要么"没一样好"，没有考虑到与伴侣的相处经历有许多好坏各半的可能性。不要用"总是"和"从不"这两个词，这种非黑即白的思维会让你看不到生活中的许多灰色部分。

第5章

表达不满

相信我们,你自己其实也挺烦人的。不管你有没有意识到,你每天都会把伴侣惹毛。忍住不提意见是最糟糕的选择。在下面的空白处写出你的不满吧,但记住要有礼貌,否则你今晚可能会睡沙发。注意:不要说"你总是"或"你从不"。

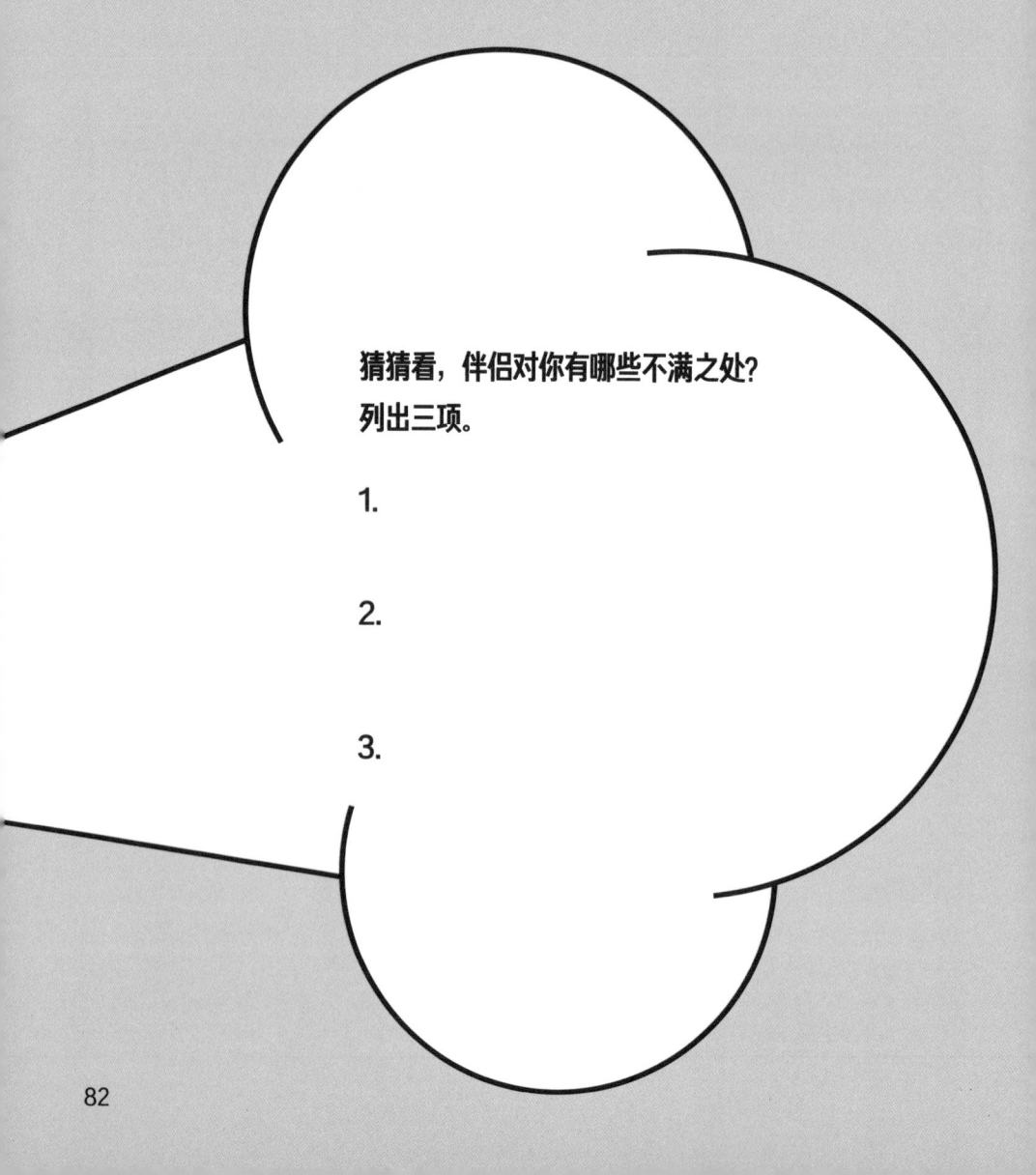

猜猜看,伴侣对你有哪些不满之处?列出三项。

1.

2.

3.

争吵

▶▶ **后续活动**

就说你也很烦人了吧。现在你有三个问题要解决了！这三个问题中，哪一件最容易克服？哪件最难？

列出你对伴侣的三个不满之处（没错，只许列三项）。

1.

2.

3.

◆ **专家建议**

以下建议有助于解决您的不满情绪：

- **等一等**：当伴侣指责你时，不要立刻为自己辩护。稍等片刻再开口，节奏上的小小变化就能改变语气。
- **不要针对性格**：关注具体的行为，而不是伴侣的个性。他／她不是故意想折磨你（当然也可能真的是故意）。
- **关注自己**：意识到你唯一能积极管理的就是你自己的行为。
- **确认反馈**：感谢伴侣提出的意见，并理解他／她只是在尝试帮助你。
- **算了吧**：有时你需要有选择地战斗（不是每一件事都值得争吵），道歉，向前看，将争执抛诸脑后。

第5章

艰难时刻

每一对情侣都会经历许多挑战。一起来回顾一下那些艰难的时刻吧。在下面的"炸弹"中写下你对以下问题的答案,然后和伴侣一起讨论。请记住,你们对障碍和分歧的定义可能并不一致。

- 确定关系之后第一次重要的分歧
- 确定关系之后遇到的第一个障碍
- 为了这段亲密关系,你做出了什么样的牺牲?*

*我们的朋友吉姆(化名)最近从加利福尼亚州搬到新泽西州,领养了一只猫,并为了伴侣而不再吃红肉。吉姆很懂得牺牲。#挣扎的现实#

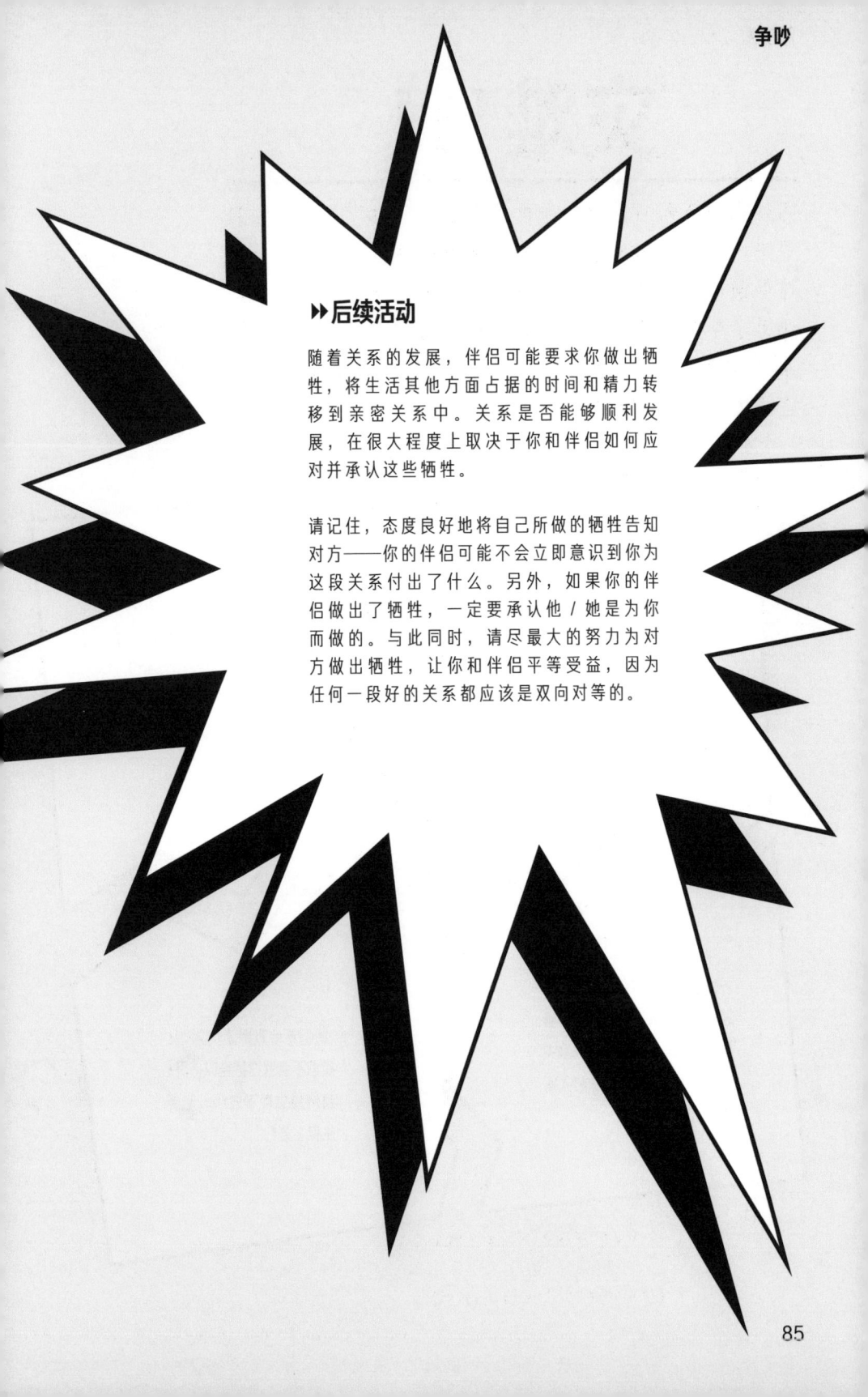

▸后续活动

随着关系的发展,伴侣可能要求你做出牺牲,将生活其他方面占据的时间和精力转移到亲密关系中。关系是否能够顺利发展,在很大程度上取决于你和伴侣如何应对并承认这些牺牲。

请记住,态度良好地将自己所做的牺牲告知对方——你的伴侣可能不会立即意识到你为这段关系付出了什么。另外,如果你的伴侣做出了牺牲,一定要承认他／她是为你而做的。与此同时,请尽最大的努力为对方做出牺牲,让你和伴侣平等受益,因为任何一段好的关系都应该是双向对等的。

第5章

灾难！！！

如果你把任何冲突都看作世界末日，就会产生灾难性的想法。花点时间从第三方的角度来看待这个问题，并和伴侣谈谈你的感受。不管是小行星即将撞上地球，还是买错了牛奶，都可以先试着缓和情绪，再用清醒的头脑来分析情况。猜一猜下列"世界末日"电影的名字，将答案填在下面的空白处。

1.
美国宇航局发现一颗跟得克萨斯州一样大的小行星将在一个月内撞击地球，于是招募了一支毫不相干的油井钻探队来拯救地球。

2.
在詹姆斯·弗兰科（James Franco）家参加聚会时，塞斯·罗根（Seth Rogen）和其他许多人都面临着《圣经》中审判日的到来。

3.
一位古气象学家必须勇敢地穿越整个美国去寻找儿子，后者被困在一场突如其来的风暴灾难中，这场风暴使地球陷入新的冰河期。

4.
"我们不会默默走向黑暗！我们不会就这样坐以待毙！我们要生存下去！一定要生存下去！"

1.《世界末日》（Armageddon） 2.《末日派对》（This is the End） 3.《后天》 4.《独立日》

行至边缘……

你们的关系被推到过边缘吗？你们一起克服的事情中哪些压力最大？将以下选项中符合情况的条目勾选出来，并与伴侣分享。

争吵

▶▶ 后续活动

你们的关系中最具挑战性的事是什么？意想不到的挑战甚至会让最好的关系陷入困境。当困难出现时，可以尝试利用艰难时刻来改善你们的关系。正如美国励志演说家丹尼斯·威特利（Denis Waitley）说过的那样："期待最好的可能，做好最坏的打算，接受惊喜的降临。"

同居 ☐

拼装宜家家具 ☐

异地恋 ☐

嫉妒 / 不忠 ☐

重病 / 重伤 ☐

短暂分手 ☐

家庭问题 ☐

筹划婚礼 ☐

失业 / 经济压力 ☐

生孩子 ☐

法律问题 ☐

朋友或家人亡故 ☐

第5章

发脾气

遇到以下问题时，谁会更恼火？

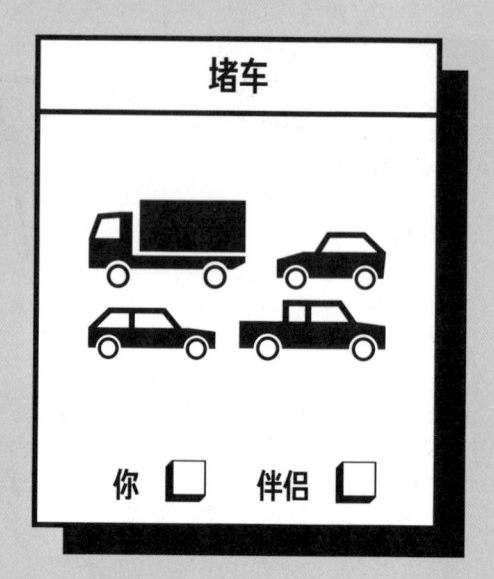

Wi-Fi很慢	堵车
你 ☐ 伴侣 ☐	你 ☐ 伴侣 ☐

政见不一	水杯倒了
你 ☐ 伴侣 ☐	你 ☐ 伴侣 ☐

有争议的话题

◆ **专家意见**

下次有争议的话题出现时，注意伴侣的观点，并对他/她的感受保持敏感。你们是不同的人，当然会有不同的观点——你应该对此感到庆幸并保持尊重。记住，正如弗兰克·扎帕（Frank Zappa）所言："思想就像降落伞，只有开放了才能起作用。"

- 家庭
- 运动
- 财务
- 餐馆
- 气候变化
- 信仰观点
- 政治观点

☺ 都能接受
😐 可以容忍
☹ 不能苟同
✗ 不可接受

火冒三丈

什么事件最有可能引发分歧?参照以下事件,与伴侣进行比较。

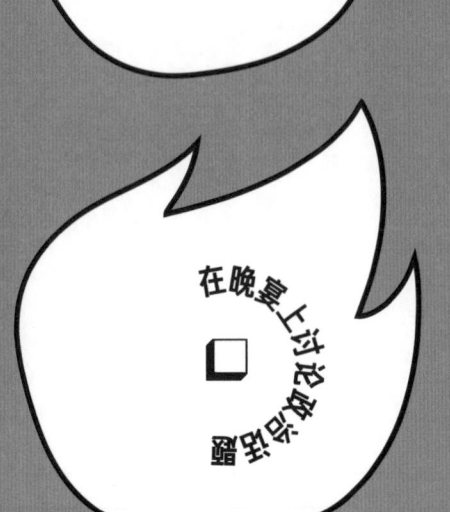

- ☐ 与朋友在外面玩得太晚
- ☐ 在床上谈论特别暧昧的旧恋
- ☐ 消费超出预算
- ☐ 过度使用科技产品
- ☐ 买错了奶*
- ☐ 走错方向
- ☐ 在晚宴上讨论政治话题

*哦,我忘了你只喝腰果奶了!

争吵

冷静

为了平息你们的下一场争吵,可以使用以下策略。

1. 在出现相互攻击的对话时,及时调整讨论方向,并赞同伴侣的意见。

2. 重复他/她的话,证明你一直在听。"好吧,如果我没理解错,你的意思是 _____ ,对吗?"

3. 想要掌控局面,你可以说:"你说得对,我确实那样做了。我很抱歉。"

4. 和伴侣一起消灭误解,而不是彼此。

5. 如果你感到饥饿、生气、孤独或疲惫,花点时间来解决这一具体问题。*

*没必要因为今天只吃了一杯酸奶就对伴侣大发脾气。

第5章

委婉的表达

有没有"更好的方式"能表达下面的意思?

⬅ 你打算让锅永远泡在那儿吗?

➡

⬅ 看得见吗? 垃圾桶就在旁边。

➡

⬅ 别跟我说话,别烦我!

➡

▶▶ 后续活动

消极抵抗很容易点起战火。试着用"我觉得……"作为开头,分享你的感受。

争吵

美好结局

压力大时，什么能让你平静下来？

你们曾经用过什么有效的方法以积极的方式结束争吵？

道歉有助于缓和局面。如果最近你曾错过道歉的时机，现在就是补救的时候了——迟来的道歉总比没有好。就像贾斯汀·比伯（Justin Bieber）在歌里唱的那样："现在说对不起是不是太迟了？"

现在有关争吵的章节已经到了尾声，重新翻回66页，看看你写的那些赞美之词，并与你的伴侣分享。如果你之前写了些自作聪明的讽刺话语，最好赶紧想想该怎么补救！

你更喜欢伴侣儿时的哪张照片?

家

第6章

童年 父母
孩子

本章目标

回忆童年，谈谈你们与各自家人／姻亲的关系，探讨养育孩子的问题。

庭

第6章

儿时昵称

选一个伴侣多半不知道的儿时昵称 / 英文名（很久没有人这样叫你了）。这是一个"绞刑"游戏①，请在你的昵称下面标出拼音 / 英文字母的数目，然后让对方来猜。如果六次都没猜对，这人就快被吊死了！

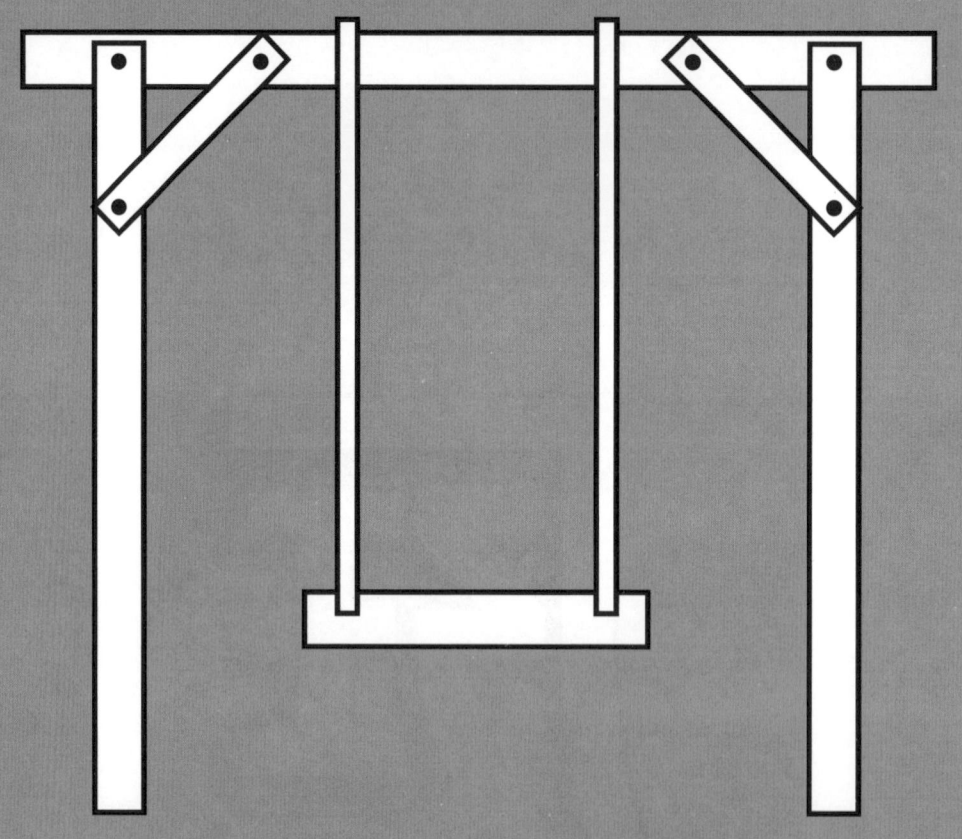

儿时昵称 / 英文名

猜错的字母

▶▶ **后续活动**

如果伴侣猜不出来，请将昵称和背后的故事都告诉他 / 她。或许他 / 她以后会这样叫你？也可能不会。毕竟有些绰号最好还是不要再用了吧。

① 一个猜单词的双人游戏。由一个玩家想出一个单词或短语，另一个玩家猜该单词或短语中的每一个字母。第一个人抽走单词或短语，只留下相应数量的空白与下画线。想字的玩家一般会画一个绞刑架，当猜字的玩家猜出了短语中存在的一个字母时，想字的玩家就将这个字母存在的所有位置都填上。如果玩家猜的字母不在单词或短语中，那么想字的玩家就给绞刑架上小人添上一笔，直到七笔过后，游戏结束。——译者注

家庭

可爱的脸庞!!

你最喜欢伴侣小时候的哪张照片?

试着凭借记忆把这张照片画出来。

▶▶ 后续活动

如果你还没有翻看过他/她的童年照片,现在应该抽点时间去看看。相信我,一定有些非常可爱、有趣的片段。

97

家庭角色

作为家里唯一的／最大的／中间的／最小的孩子，这样的经历对你成长过程中的态度和性格有什么影响？对现在的你有什么影响？

家庭

从下面的列表中选出三个最能描述你小时候性格特征的词。准备好分享相应的故事！

善于交际	自我中心	可信赖	领导者
讨人喜欢	完美主义	独立	追随者
爱恶作剧	勤奋	幽默	害羞
叛逆	寻求关注	有责任心	难伺候
擅长调解	班上的小丑	懒惰	迷人
爱玩	霸道	书虫	爱冒险
有控制力	井井有条	小聪明	内向

▶▶ **后续活动**

研究表明，出生顺序对人的性格和行为有很大的影响。家里最大的孩子往往是完美主义者，井井有条，是天生的领导者（或者至少他们自己这么认为）。中间的孩子最讨人喜欢，也更叛逆。家里最小的孩子往往迷人，幽默，有控制力。虽然很多人认为独生子女悲伤，孤独而自说自话，但他们实际上更倾向于独立，勤奋和自信。当然，并不是每个人都符合以上规律。

99

第6章

家族树大挑战

每个人的家族树几乎都会出现一些笨蛋、疯子和坏人。重要的是了解你的伴侣在家族树中的位置，不管它有多扭曲。在下面的树中，尽可能多地写下你的家族树成员（包括健在成员和已故成员），不需要按特定的顺序。

把家人的名字写在这儿

现在，和伴侣交换书籍。在接下来的三分钟内，伴侣必须使用上面列出的所有名字，在右边的页面上勾勒出你的家族树。

家庭

画出伴侣的家族树

▶▶ **后续活动** 你和自己家族树中的人关系有多近？还能做些什么来加强家庭关系吗？也许可以试试……开枝散叶？

101

第6章

父母对错题

对于下列陈述，符合实情的句子圈"是"，不符合的圈"否"。如果你认为伴侣会持相反观点，在方框里打√。完成后，与伴侣进行比较，并简要讨论彼此的答案。

对我而言，与父母保持亲密关系非常重要。

是　　否　　☐（伴侣有相反观点？）

在成长过程中，父母十分宠爱我。

是　　否　　☐

我很乐意对父母说"我爱你"。

是　　否　　☐

我很乐意对伴侣的父母说"我爱你"。

是　　否　　☐

我的政治倾向与父母一致。

是　　否　　☐

我最好的品质都来自我的父母。

是　　否　　☐

龙生龙，凤生凤

虽然并非必然，但有研究表明，儿子肖父、女儿似母的程度超出了人们的预期，这种相似性还会随着时间的推移而增加。填写下面的方框，然后圈出你认为的伴侣遗传自父母的特点。一起讨论吧！

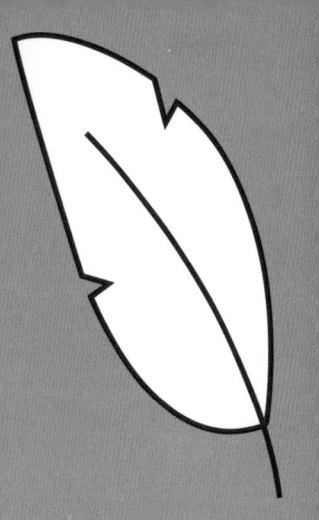

关于你伴侣的同性别父母（父亲对应儿子，母亲对应女儿），分别列出你欣赏和不太喜欢的两个特点：

欣赏	不太喜欢
1.	1.
2.	2.

猜一猜对方会如何评价你的父/母：

欣赏	不太喜欢
1.	1.
2.	2.

▶▶ 后续活动

讨论一下你们各自从父母身上继承了哪些特质。其中有没有你不想继承的？

第6章

评分

家庭

你会如何评价父母养育你的整体表现（从A⁺到D）？完成后，与伴侣讨论你给出分数的原因。

父母成绩单

A＝优秀，B＝良好，C＝及格，D＝有待提高

	评级
母亲	
最大的优点：	最大的缺点：
父亲	
最大的优点：	最大的缺点：

▶▶ 后续活动

如果能够重回童年时代，你想改变什么吗？如果打算生育孩子，你会做些什么与父母不同的事情吗？父母和其他人一样会犯错误。当你抚养自己的孩子时，试着模仿父母的长处，避开他们的缺点。

✓
A
F

105

第6章

亲子关系

你和父母的情感联系分别有多强烈？通过向下面的信号示意图中添加阴影，表达亲子关系的强度。

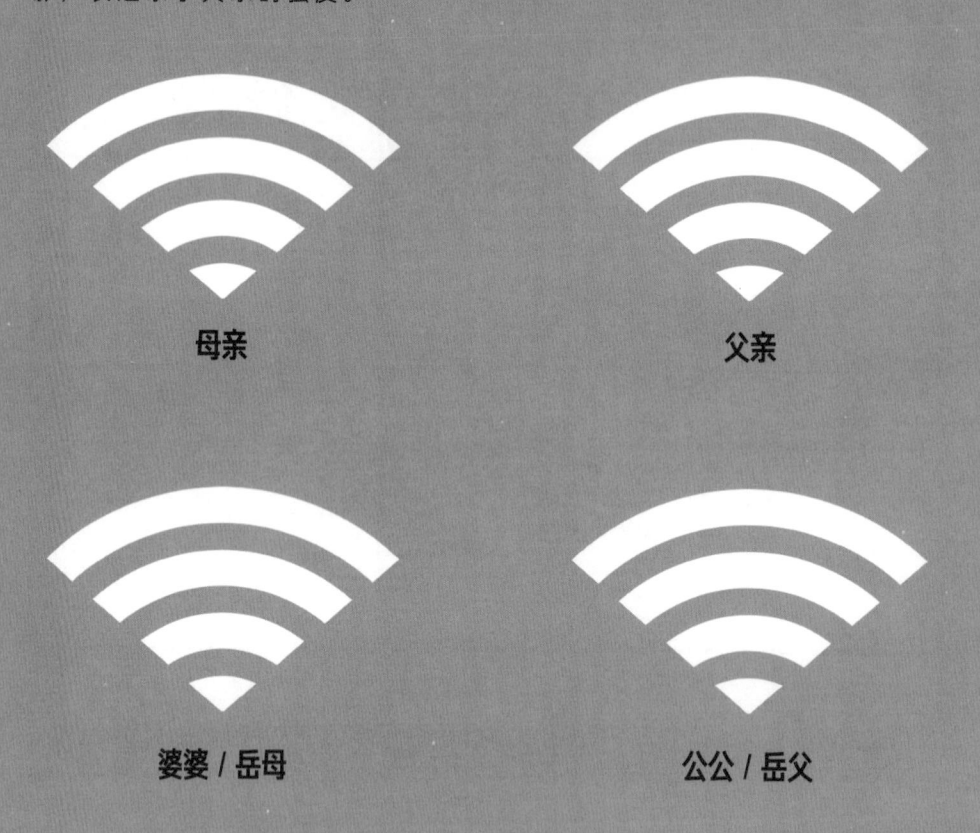

母亲

父亲

婆婆 / 岳母

公公 / 岳父

▶▶ 后续活动

只要你和伴侣能达成统一战线，就可以与对方父母保持不那么密切的关系。不过，如果你或伴侣不愿意出面和他 / 她的父母磋商问题，则很不利于双方关系的长期健康发展。亲子关系的强弱能够预示你和伴侣的关系是依恋还是疏远。

家庭

完美的全家福

在下面的空白处画出你理想中的完美家庭。先画出你小时候理想中的家庭，再画出如今理想中的家庭。有什么变化吗？

童年

现在

第6章

出身决定你是谁

你希望（或不希望）遗传给孩子的最好和最差的特质（包括你的和伴侣的）是什么？与伴侣分享、讨论。

家庭

父母的最佳特质

1.

2.

你的最佳特质

1.

2.

父母的最差特质

1.

2.

你的最差特质

1.

2.

第6章

养育孩子

决定要孩子是一件大事，总会引发很多讨论。在下面的提示中选出你的答案（二选一），然后与伴侣比较。

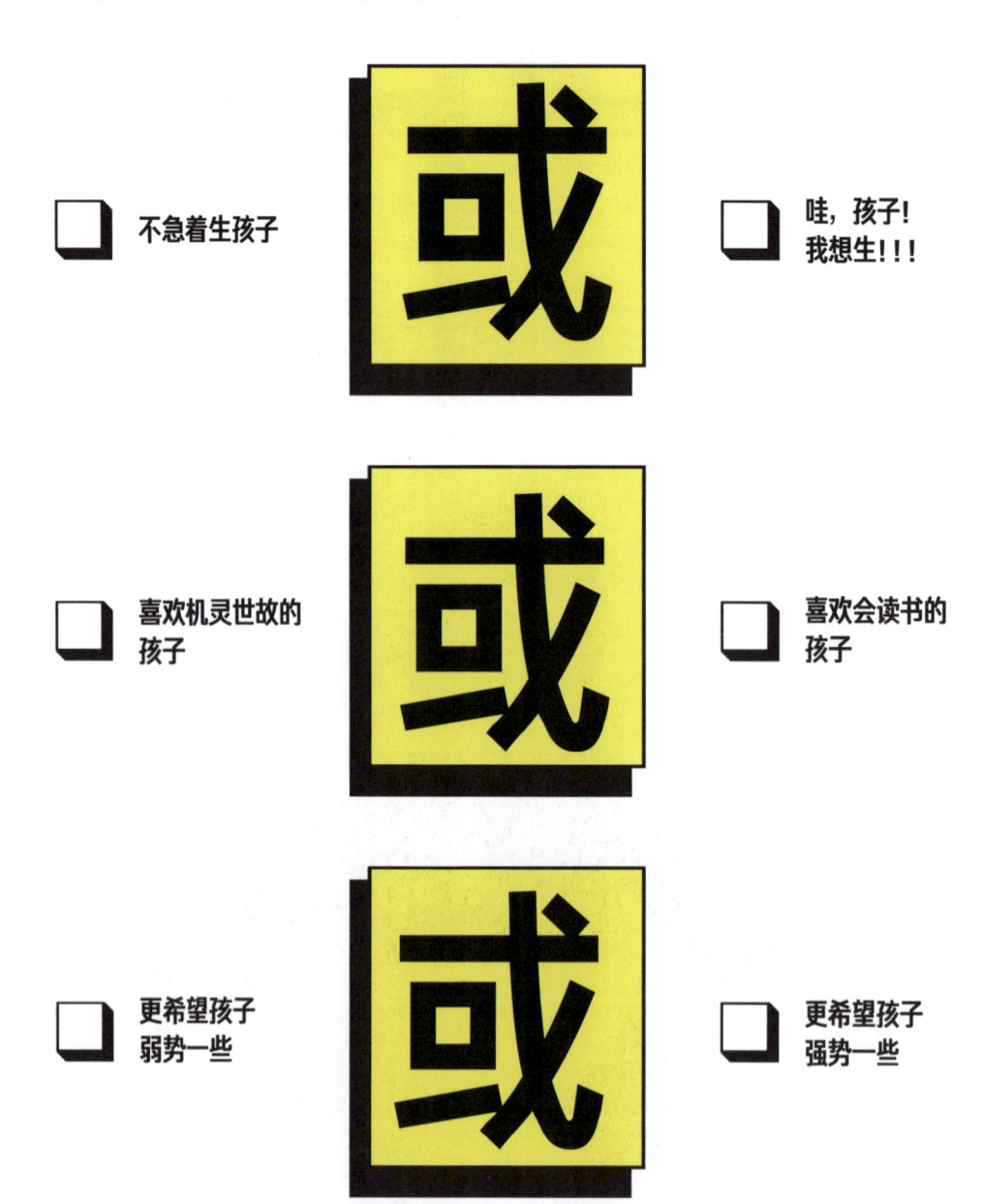

☐ 不急着生孩子

或

☐ 哇，孩子！我想生！！！

☐ 喜欢机灵世故的孩子

或

☐ 喜欢会读书的孩子

☐ 更希望孩子弱势一些

或

☐ 更希望孩子强势一些

家庭

传承的养育方式

如果要孩子，你打算如何抚养他/她？你的育儿观和父母有什么不同？选出你的答案，并与伴侣进行比较。

我父母曾经		我会
☐	逼*孩子运动	☐
☐	帮孩子完成家庭作业	☐
☐	做午餐	☐
☐	给孩子提供经济资助	☐
☐	逼*孩子学乐器	☐
☐	用各种礼物宠孩子	☐
☐	逼*孩子学外语	☐

*或者说是"极力鼓励"。

家庭带来的一切

今天的你是你的家庭影响、童年经历以及从小学到的经验共同作用的结果。在很大程度上，你是父母抚育的产物。当你开始了解伴侣的成长过程时，要注意，他/她也是在类似的影响下长大的。不管要不要孩子，你们共同建立的家庭都源于各自原生家庭的影响。在家族树的基础上开枝散叶，意味着你可以选择修剪一些特征，另外培育一些特征。当狂风吹来时，家族树的枝叶可能会弯折，但只要你不断发展并加强亲人之间的联系，它们就永远不会断开。哎呀，抱歉，这里写得有点多愁善感了。

第7章

信仰
节日
礼物

你不太想过哪个节日?

信

仰

与传统

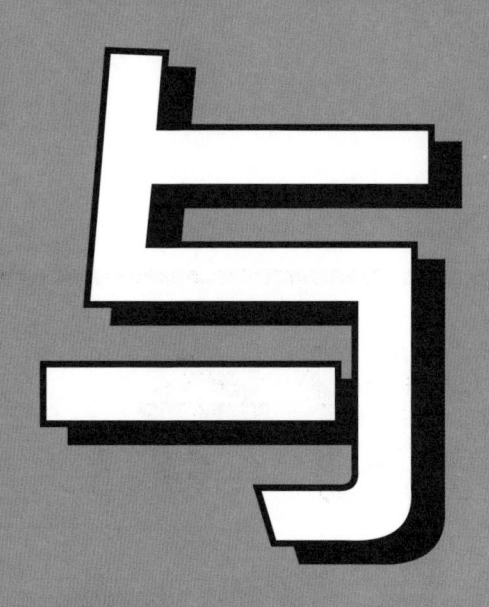

本章目标

探索你们的心灵层面，回忆各自的家庭传统，讨论彼此对节日和礼物的看法。欢迎讨论一切信仰。

非常虔诚的信徒——神的灵住在你心里！

纯属好奇，你的信仰容忍度有多高？

与伴侣讨论彼此对信仰的看法。

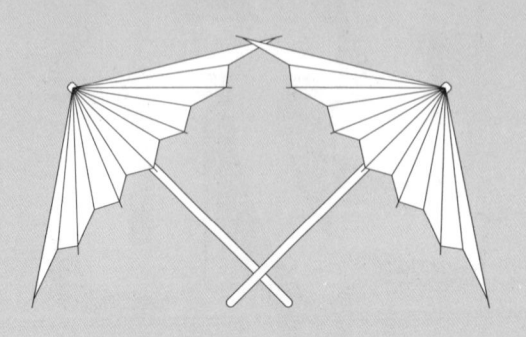

无神论者——你完全可以在每周日的早午餐时无限畅饮。①

① 基督徒每周日需去教堂做礼拜，无神论者不信奉上帝，所以可以在周日上午畅饮。——译者注

信仰与传统

信仰的重合

你和伴侣在信仰上有多少重合之处？从下列维恩图中选出最能代表你们的一个，或者也可以自己动手画。然后对比两人的答案，并展开讨论。

（也可以称为"教科书般的完全重合"）

▶▶ **后续活动**
你们各自或共同的信仰是什么？

第7章

> 信仰融入了你生活的哪些方面？勾选下面的选项，并与你的伴侣进行比较。

- ☐ 节日
- ☐ 择校
- ☐ 考试准备
- ☐ 就医
- ☐ 择业
- ☐ 飞行遇到湍流
- ☐ 家庭聚会
- ☐ 讲笑话
- ☐ 家居布置
- ☐ 人生目标
- ☐ 婚礼
- ☐ 社交圈
- ☐ 葬礼
- ☐ 政治

信仰的影响

信仰与传统

神圣的选择

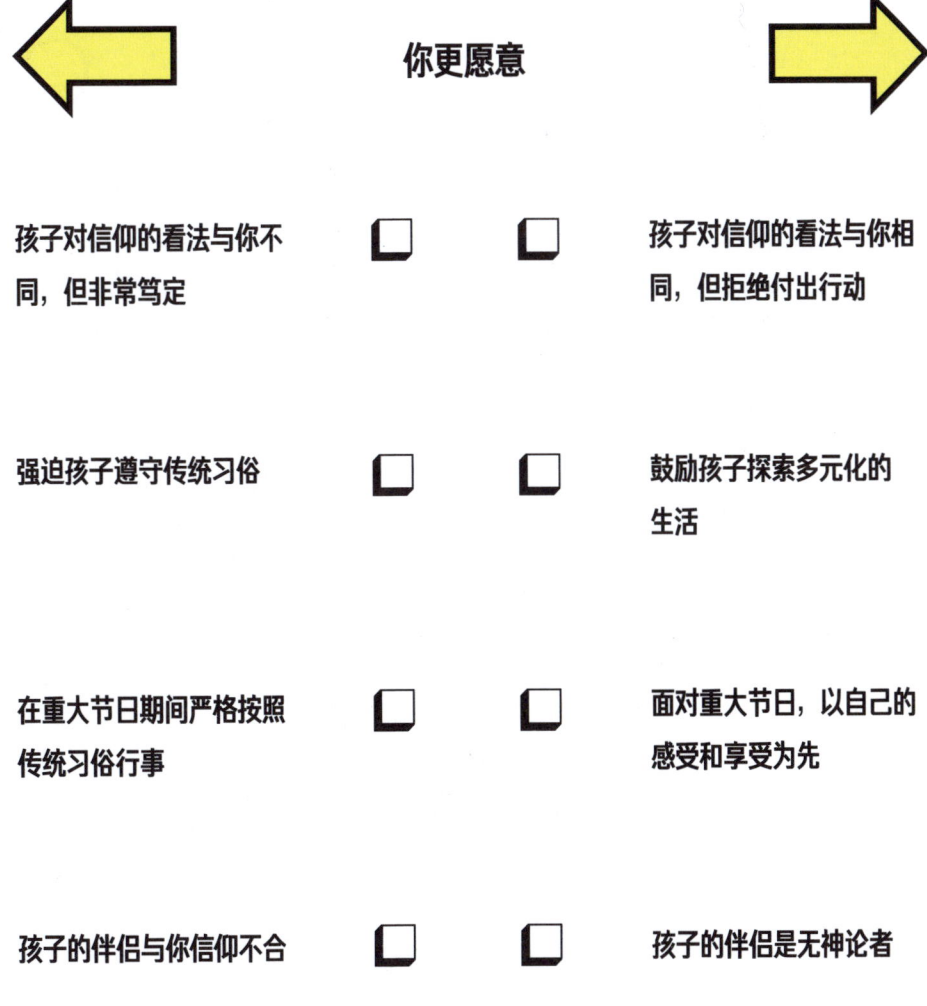

← 你更愿意 →

孩子对信仰的看法与你不同，但非常笃定	☐	☐	孩子对信仰的看法与你相同，但拒绝付出行动
强迫孩子遵守传统习俗	☐	☐	鼓励孩子探索多元化的生活
在重大节日期间严格按照传统习俗行事	☐	☐	面对重大节日，以自己的感受和享受为先
孩子的伴侣与你信仰不合	☐	☐	孩子的伴侣是无神论者

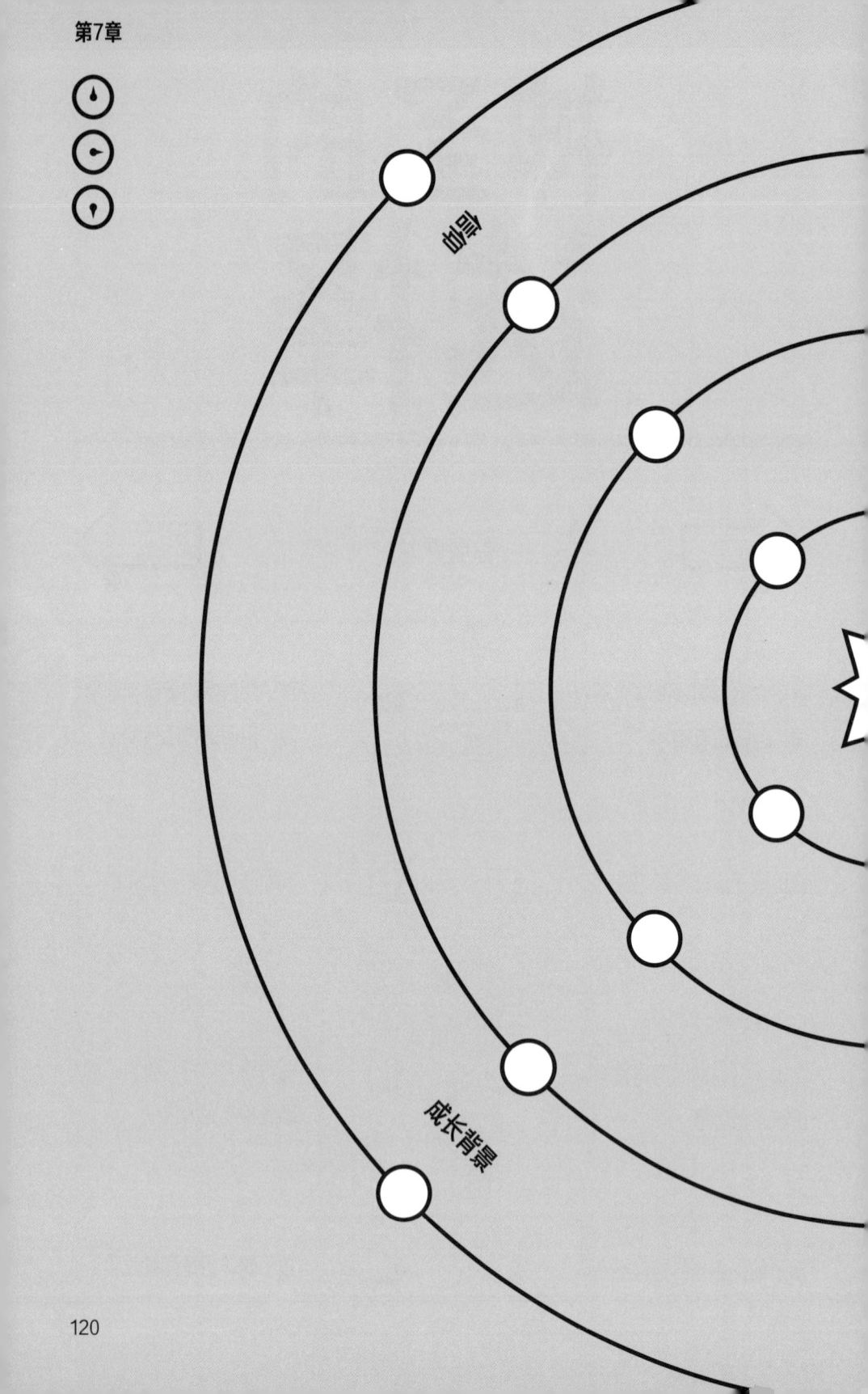

第7章

成长背景

信仰与传统

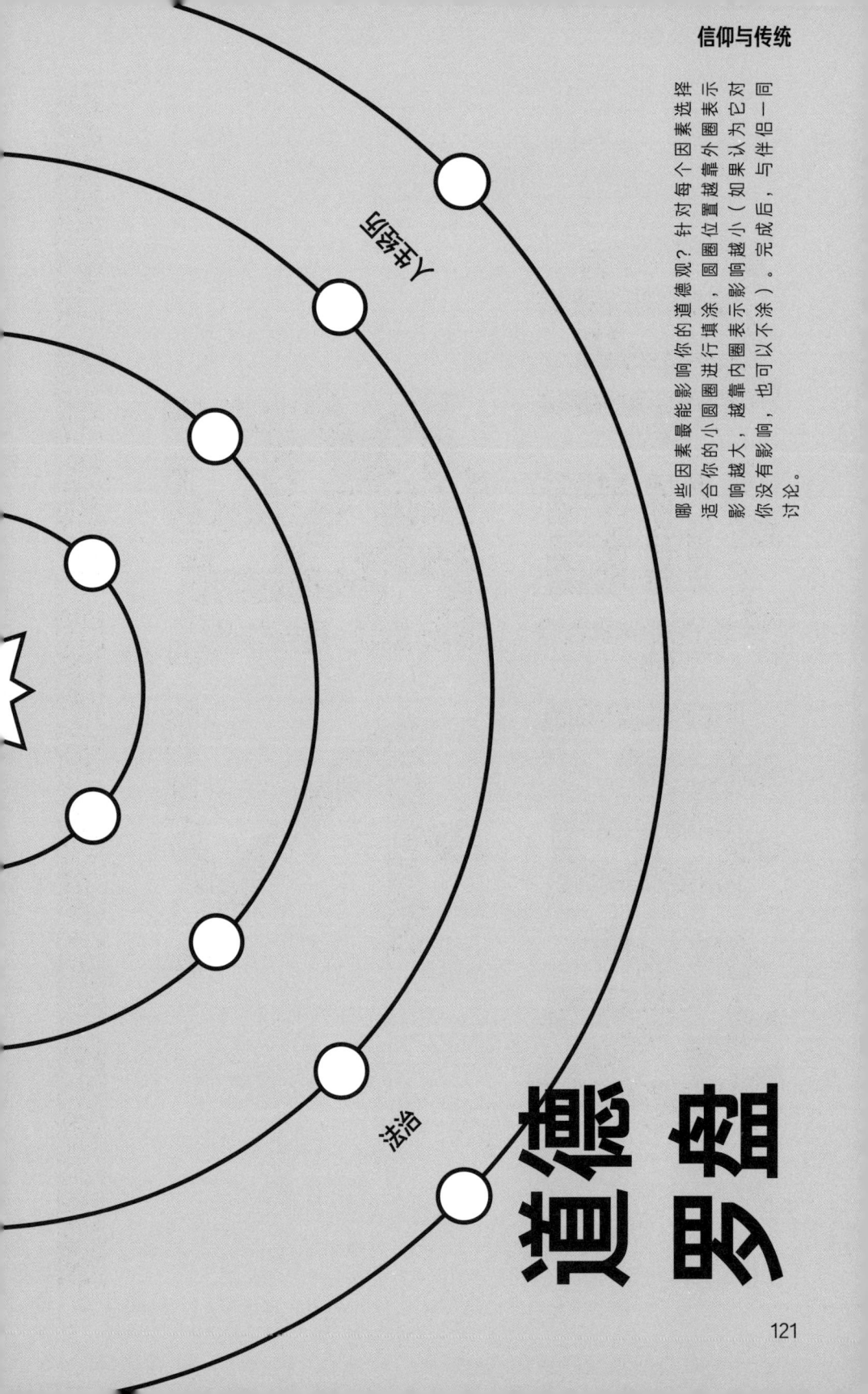

哪些因素最能影响你的道德观?针对每个因素选择适合你的小圆圈进行填涂,圆圈位置靠外圈表示影响越大,越靠内圈表示影响越小(如果圈表示对你没有影响,也可以不涂)。完成后,与伴侣一同讨论。

个人经历

法治

道德罗盘

121

你的信仰告知之人

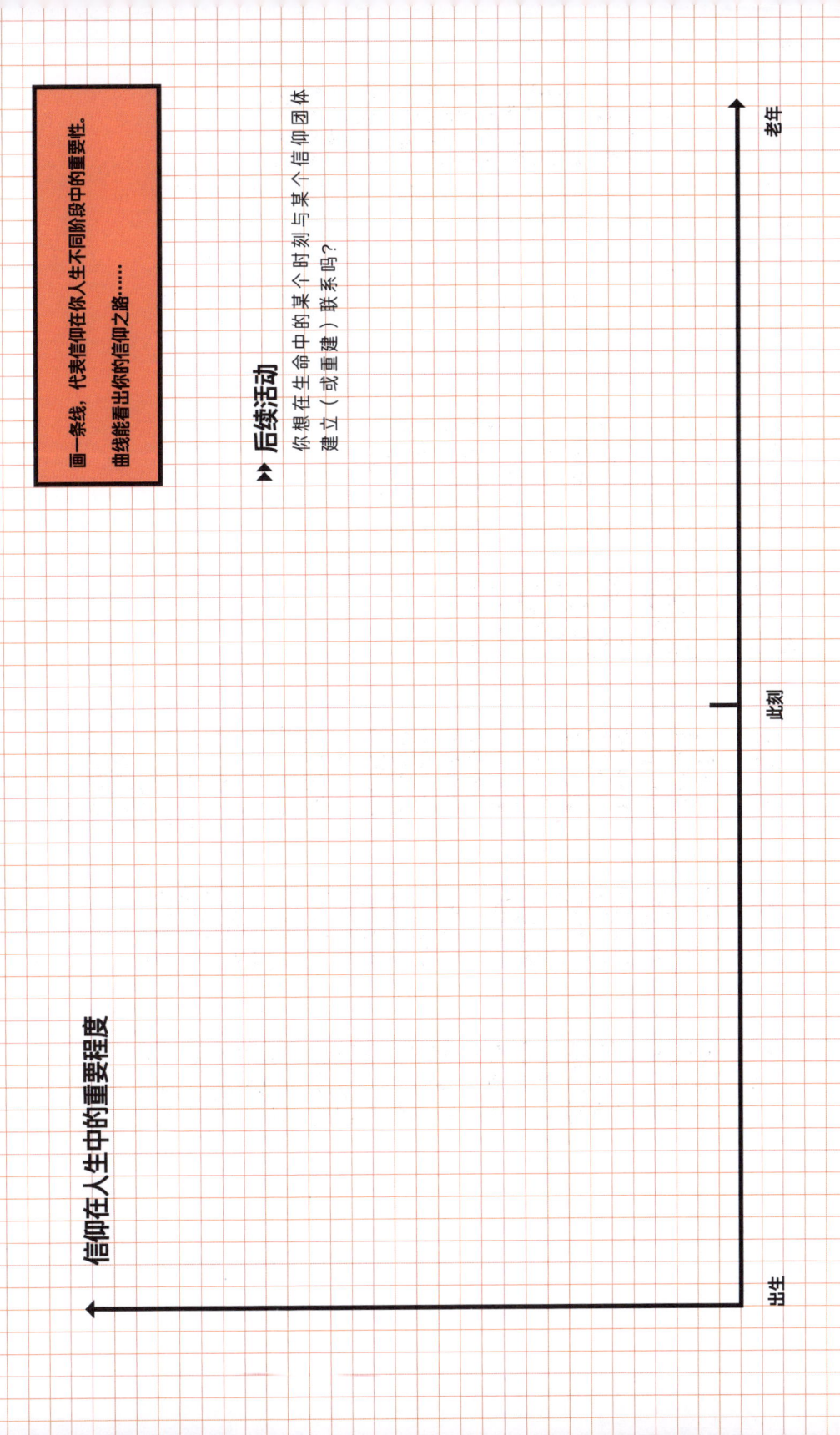

画一条线，代表信仰在你人生不同阶段中的重要性。曲线能看出你的信仰之路……

▶▶ **后续活动**

你想在生命中的某个时刻与某个信仰团体建立（或重建）联系吗？

老年

此刻

出生

信仰在人生中的重要程度

第7章

最后倒计时

谁不曾迫切地倒数着日子迎接节日?就为了在秋叶中翻滚,烤一些脆皮薯饼,或者打开树下的礼物?对于以下节庆活动,父母允许你最早从什么时候开始倒数?在日历上,将下列事件相应的数字填进适当的月份中。

1.生日*庆典

2.放烟花

3.青团/螃蟹/腊八粥

4.计划新年的服装

5.布置节日装饰品

*哦不,我可不打算为你的生日庆祝一整个月。

信仰与传统

一月	二月	三月	四月
五月	六月	七月	八月
九月	十月	十一月	十二月

第7章

害怕节日……

以下哪一个节日你最害怕？比如不想总吃火鸡？害怕面具？糟糕的香槟体验？被烟花伤到手指？每个人都有自己的理由。把你对下列节日的反应画下来，准备解释自己的理由吧，派对扫兴鬼。

☺	喜欢
😐	能忍受
☹	不太能忍
✗	很讨厌

○ 圣诞节
○ 生日
○ 端午节
○ 周年纪念日
○ 中秋节
○ 国庆节
○ 跨年夜
○ 情人节

信仰与传统

快乐的节日传统

讨论你家关于下列节日的传统。对于以下列举的节日（也可以包括其他节日），最美好的童年记忆是什么？你想保留哪些家庭传统？填在下面的空白处，并讲述你的故事。

圣诞节

生日

端午节

周年纪念日

中秋节

国庆节

跨年夜

情人节

第7章
送礼物

用线将事件和适宜的礼物连起来。不同的事件可以对应同一个礼物。

事件	礼物
与伴侣的父母共进晚餐	花
结婚周年纪念日	亲吻/拥抱
新工作	钻石*
正当理由	国内旅行
事业发展的里程碑	漂亮的卡片
情人节	其他 ;)
生日	豪华的晚餐
升职	一瓶酒

*近期研究（来自两名女性组成的研究小组）表明，钻石往往是正确答案……适用于一切事件。

信仰与传统

喜欢

你能猜出伴侣对以下问题的答案吗？猜猜看他/她每道题的答案，再进行比较。

你送的礼物中，他/她最喜欢的一个*

他/她最喜欢的贴心小礼物

你送的礼物中，他/她最不喜欢的一个

最喜欢的与礼物有关的体验

*现实生活中一对叫帕蒂和艾莉森的情侣一直在努力比拼送礼物——去年，艾莉森把礼物提升到了一个全新的高度——放在了一架12英尺（约3.66米）高的梯子上。勇往直前，继续攀登送礼高峰吧！

129

第7章

礼物清单

你最想要的三件礼物是什么？

1.

2.

3.

▶▶ **后续活动** 记住伴侣的礼物清单，下次送礼物时就能派上用场了。免得下次遇到节日，你又陷入焦虑，跑去超市给对方一口气买36双袜子。

信仰与传统

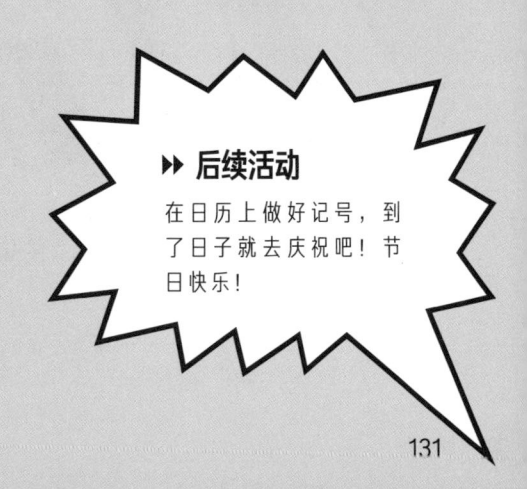

节日快乐

忘掉所有的主流节日吧,值得关注的只有你们自己。请你们一起设立一个新的节日,用以纪念亲密关系中的一个里程碑(不要选在结婚纪念日哦),或是作为这段关系的象征,你们会选择什么?它叫什么名字?放在什么时候?

名字:

原因:

时间:

▶▶ **后续活动**

在日历上做好记号,到了日子就去庆祝吧!节日快乐!

131

你们两个有共同的朋友吗?

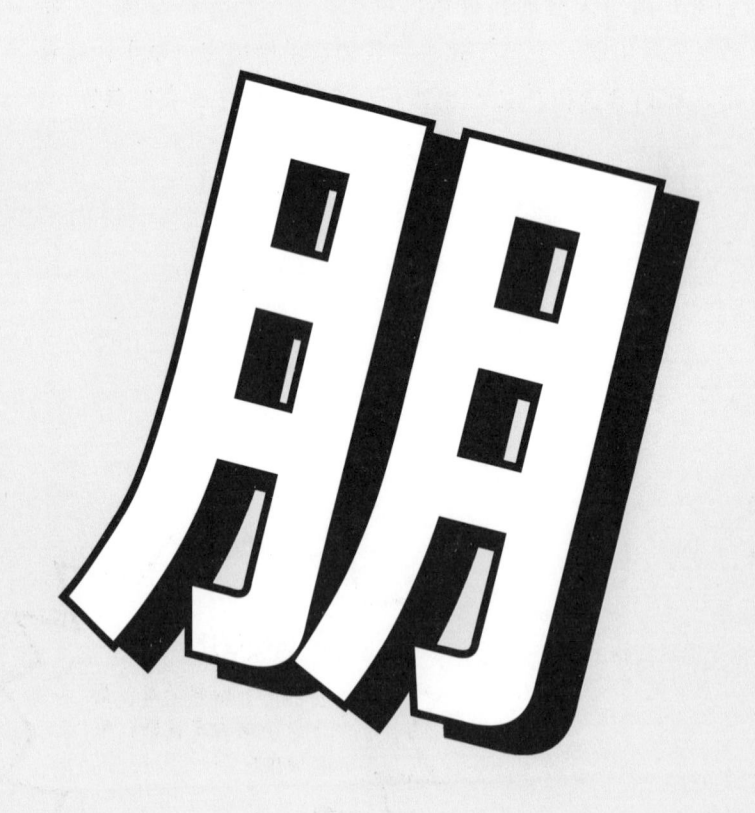

> 第8章
> 社交
> 朋友圈
> 闺密 / 哥们儿

朋

本章目标

评估你们各自的人际关系，探索你们对彼此朋友的感受。

友

第8章

社交者

你多长时间参与一次下列活动?你希望参与得更频繁吗?从量表的左侧(几乎从不)到右侧(总是),在下面的每个刻度上涂抹阴影,以显示以下活动的实际("目前情况")和期望("以后希望")之间的差距。

几乎从不 → 总是

与他人社交

目前情况						
以后希望						

一起结交新朋友

目前情况						
以后希望						

打电话给外地的朋友

目前情况						
以后希望						

朋友

拜访外地的朋友	目前情况	以后希望

参加/主办晚宴	目前情况	以后希望

在家招待朋友	目前情况	以后希望

与另一对情侣进行四人约会	目前情况	以后希望

第8章

社交达人

灯光闪烁时，站在众人瞩目之处的是你吗？
对于下列问题，请圈出"是"或"否"。

你在高中或大学里受欢迎吗？
是
否

你当时在意自己受不受欢迎吗？
是
否

你在意自己现在受不受欢迎吗？
是
否

在过去的一年里你交了新朋友吗？
是
否

你有形形色色的朋友吗？
是
否

朋友

时光倒流

时光荏苒，朋友总会来来去去，与过去的朋友重新联系永远不嫌太晚。选择两个你想重新联系的朋友。你们是怎么认识的？为什么现在想重新联系？你的伴侣认识他们吗？

朋友的名字：

认识的缘由：

朋友的名字：

认识的缘由：

137

第8章

你生命中的角色

你有多少个不同的朋友圈？是有一个特别稳固的群体，还是有许多不同的圈子？给这些圈子编一些有趣的名字（兄弟会、极客队、粉红女郎，等等），然后和伴侣分享。你们的朋友圈有什么不同？如果你想不出六个圈子，也可以在接下来的两个活动中挑选六个朋友。

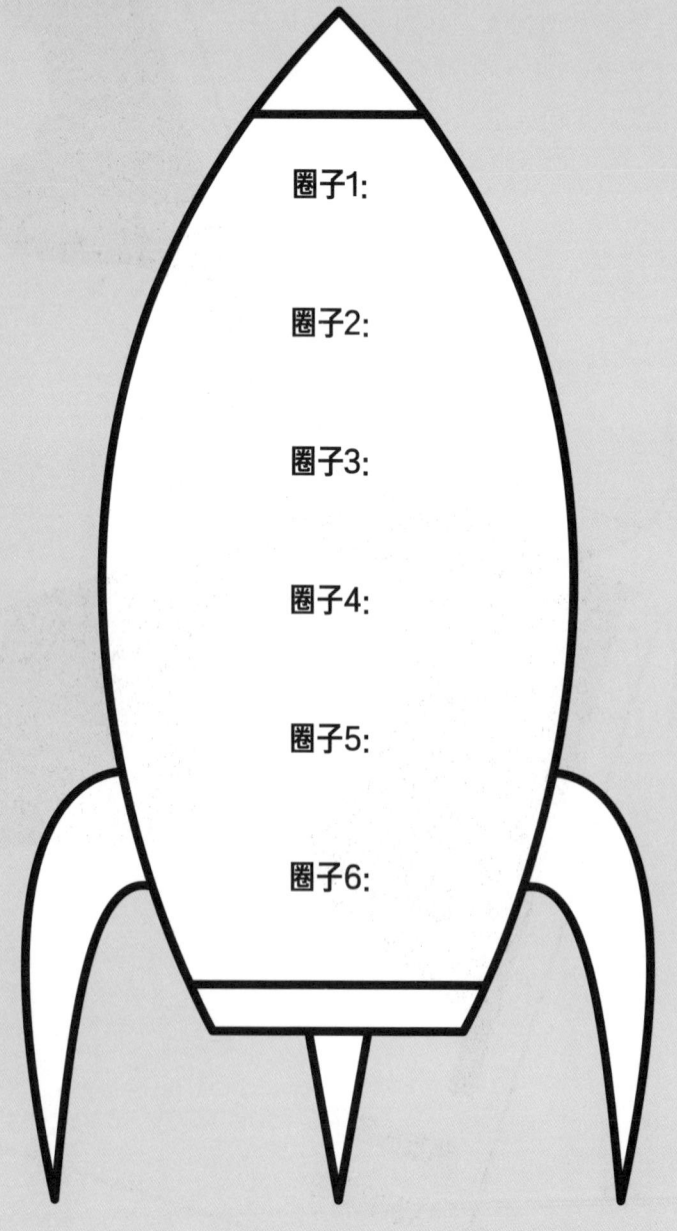

圈子1:

圈子2:

圈子3:

圈子4:

圈子5:

圈子6:

朋友

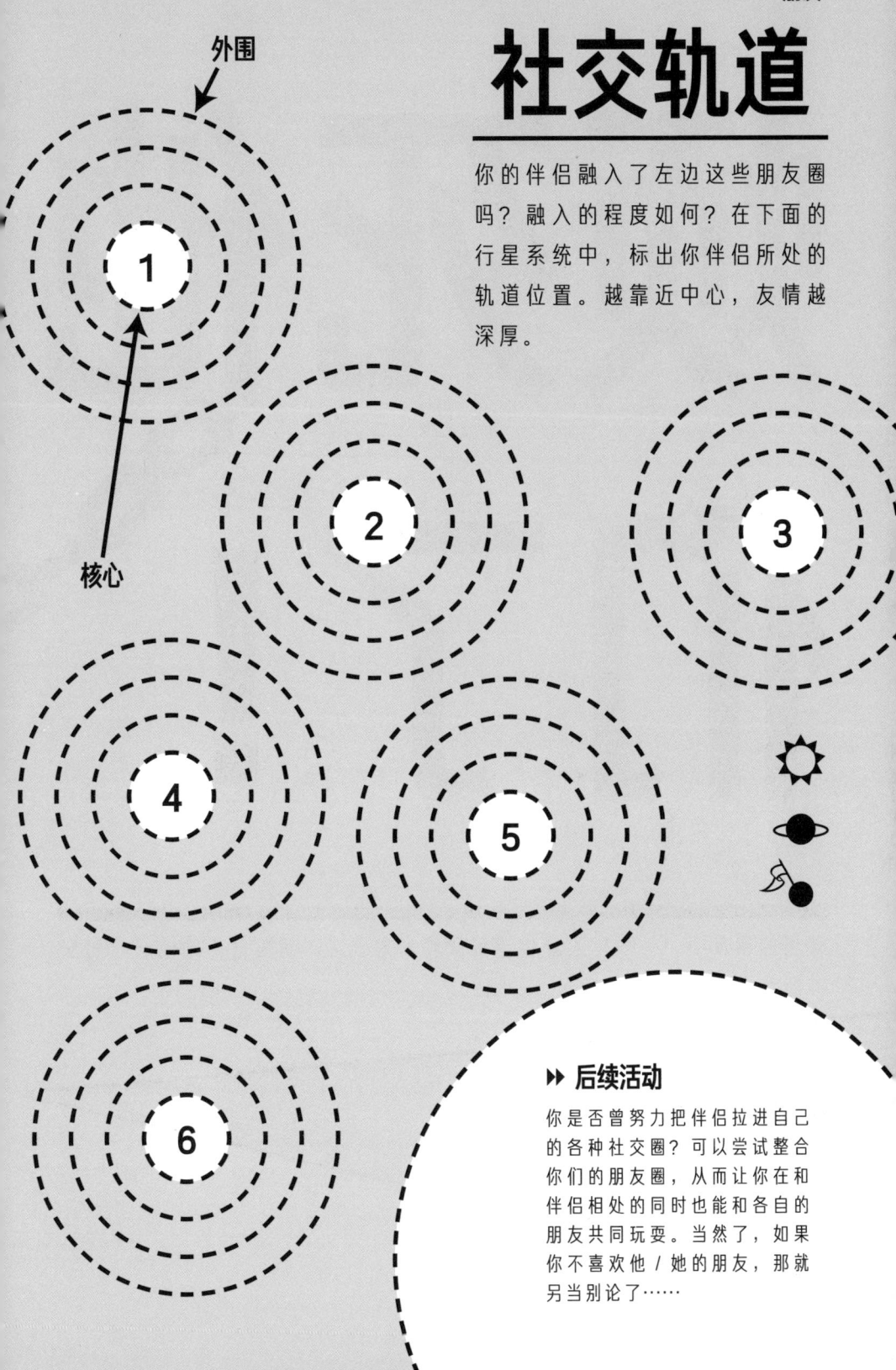

社交轨道

你的伴侣融入了左边这些朋友圈吗？融入的程度如何？在下面的行星系统中，标出你伴侣所处的轨道位置。越靠近中心，友情越深厚。

外围

核心

1
2
3
4
5
6

▶▶ 后续活动

你是否曾努力把伴侣拉进自己的各种社交圈？可以尝试整合你们的朋友圈，从而让你在和伴侣相处的同时也能和各自的朋友共同玩耍。当然了，如果你不喜欢他／她的朋友，那就另当别论了……

第8章

烦死他们了！

伴侣的朋友中，有没有人让你感到厌烦？为什么？写出他/她的一个讨厌的朋友，与伴侣进行讨论。

你不喜欢的朋友：

朋友

挚友

你最好的朋友是谁？伴侣最好的朋友是谁？列出你们的挚友名单，然后对比结果。各自的名单不能超过5人。没有人会有5个以上的挚友……对吧？

伴侣*的挚友

1.
2.
3.
4.
5.

你的挚友

1.
2.
3.
4.
5.

*如果他/她列出的只有自己的猫，或母亲的名字……快逃！

☺ **有趣的事实**

与你共度时光的人会对你的当下和未来产生极大的影响。著名商人吉姆·罗恩（Jim Rohn）曾经说过："你就是与你相处最多的五个人的平均值。"

第8章
典型形象

你伴侣的哪些朋友符合以下形象？分享并讨论。

左右逢源　　　　　　消极　　　　　　话痨

懒惰　　　　　　万金油　　　　　　完美情侣

友谊赛

在以下类别中，将你们与朋友中其他情侣进行对比。

优势组合

就像辣妹组合（Spice Girls）曾经唱过的："如果你想成为我的爱人，就必须学会和我的朋友们相处。"带伴侣融入你的朋友圈很重要，同时，也应该花时间将自己融入他/她的朋友圈中。不过，请注意，朋友固然重要，但没有人比伴侣对你的影响更大。时刻记住，首先要集中精力提升自我，改善自己的亲密关系。

▶ **后续活动**

将自己和其他情侣做对比时，请务必小心，因为比赛总会有赢有输。

超过均值

平均水平

低于均值

共同收入　共同存款　经济潜力　性生活　约会次数　度假时间

家里有虫子，谁负责杀？

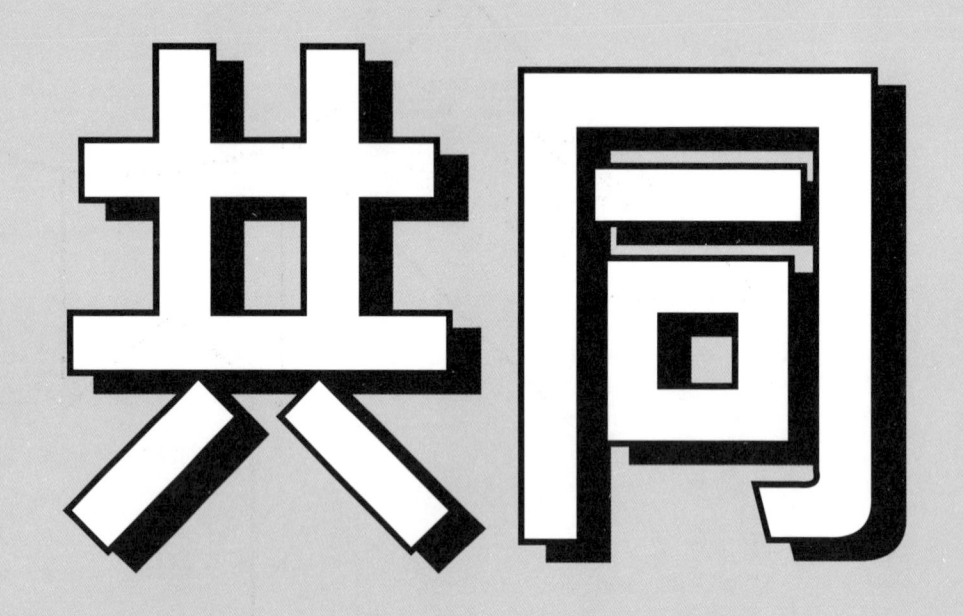

共同

第9章
习惯
家务
宠物

本章目标

再好的伴侣也可能是个差劲的室友。尝试讨论彼此的习惯和怪癖（无论是好是坏），以及在长时间、近距离的相处（无论是长期同居还是多次过夜）中产生的互动模式。

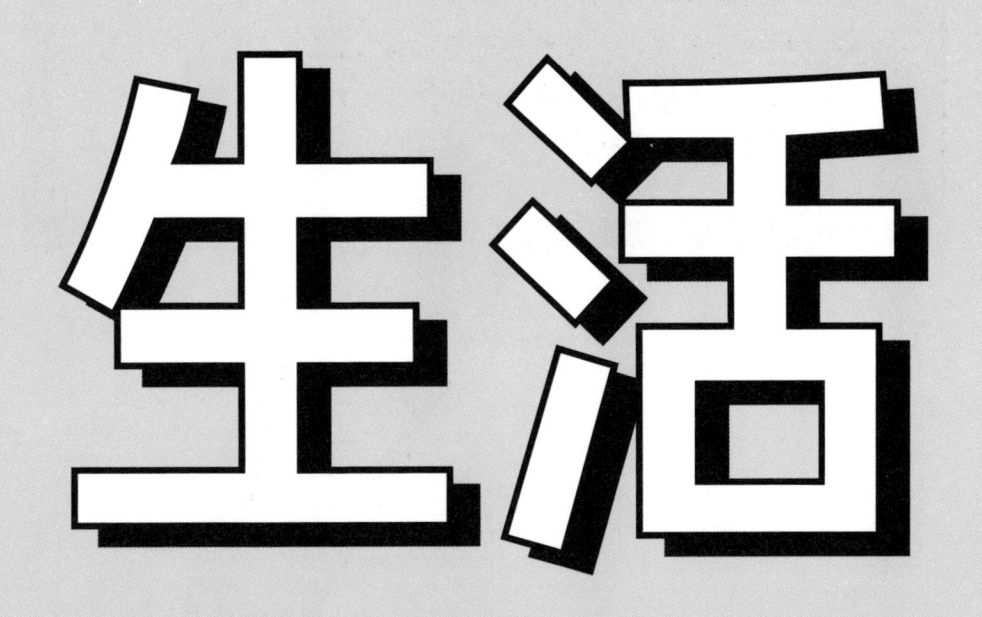

生活

第9章

我到底为什么要这么干？！

几乎每对情侣刚开始共同生活时都会有这样的想法。如今，大多数美国夫妇在结婚前都会先同居。无论你选择在什么时候开始共同生活，学会做一个好室友都可以让你们获得一生的幸福和谐。

共同生活

说真话

对于下面的陈述，圈出"是"或"否"。如果你认为伴侣会有相反观点，请在相应方框里打√。完成后，与伴侣进行比较。

晚餐完全可以用速食食品应付。

是　否　☐　（伴侣有相反观点？）

盒装果汁/牛奶可以用盒子直接饮用。

是　否　☐

刮下来的胡子可以在水槽/淋浴间里泡两天，不必立刻清除。

是　否　☐

家里的各类档案都整理归类得很好。

是　否　☐

如果我做饭，伴侣就应该负责洗碗。

是　否　☐

厨房的海绵比马桶座圈还脏。

是　否　☐

☺ 有趣的事实

根据互联网（感谢互联网！）上的资讯，厨房海绵是你家里最脏的东西，据估算，每平方英寸（约为6.45平方厘米）的厨房海绵中就有1000万个细菌。

第9章

枕边私语

共同生活

不，别想歪了，本节与性无关！你能猜出伴侣对以下问题的答案吗？首先给出你的答案，然后猜猜伴侣会怎么回答。完成后，两人对比答案。

理想的周末起床时间

你：　　　　伴侣：

睡前的最后活动

你：　　　　伴侣：

每晚所需最少睡眠时间

你：　　　　伴侣：

阻碍/延迟高质量睡眠的最烦人的事情*

你：　　　　伴侣：

最喜欢的深夜零食

你：　　　　伴侣：

本周的最佳就寝时间

你：　　　　伴侣：

*可以说是那些……把你惹毛的事情。

第9章

太烦人了！

把你对每一种讨厌的行为举止的反应都画出来。记住，沉默意味着同意，所以，就当是帮伴侣个忙吧，借助下面的反应指南，把你讨厌的事情大声说出来！

- 放屁
- 打嗝
- 擤鼻子
- 坐立不安
- 吹口哨
- 咬指甲
- 唱歌跑调
- 咳痰清嗓子
- 把手指关节掰得咔咔作响

> ☺ 可爱 / 还不错
> 😐 可以容忍
> ☹ 不太能忍
> ✕ 不能接受

共同生活

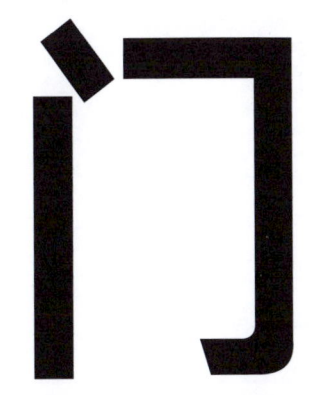

门

在你家里，可以接受一扇门半开到什么样的程度？选一扇你可以接受的门，将它涂上颜色。不用急着感谢我们。

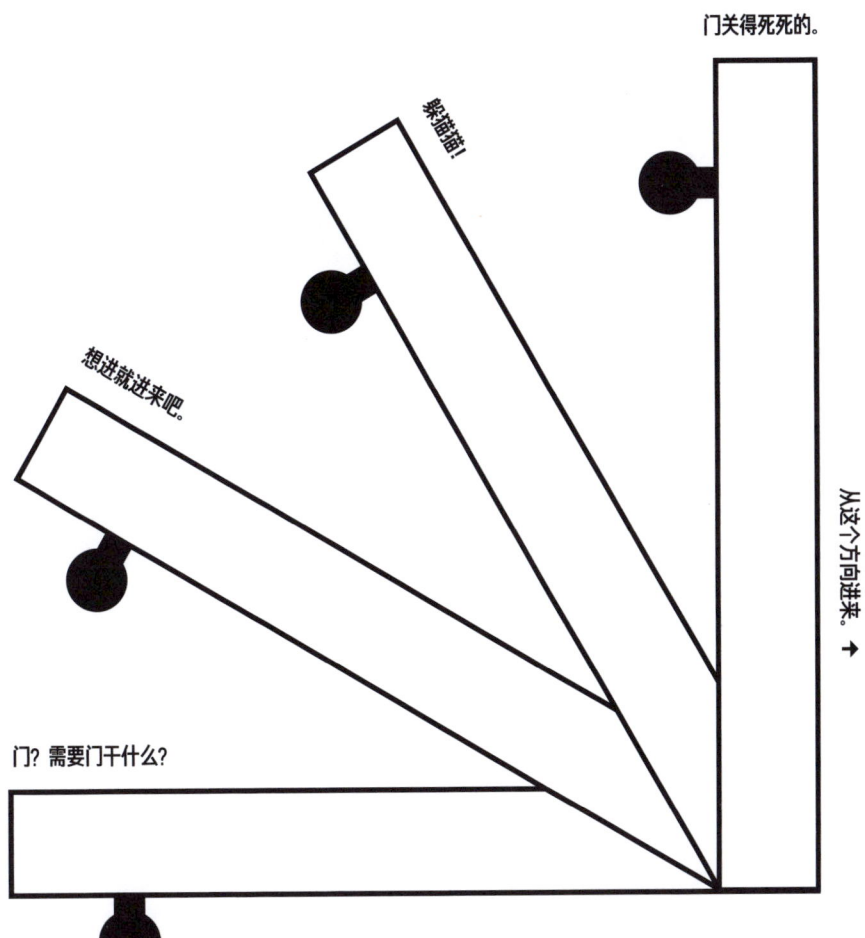

门关得死死的。

躲猫猫！

想进就进来吧。

从这个方向进来。→

门？需要门干什么？

私人时间

每个人都需要一些隐私和独处时间,哪怕一天只有几分钟。独自放松对健康有很多好处(卫生间往往是很好的独处场地)。回答以下有关宝贵的独处时间的问题,然后和伴侣一起讨论。

- 你会在什么地方独处?
- 你希望每天有多少时间属于自己?
- 当你有需要时,伴侣是否给了你足够的独处时间?讨论这个问题。

共同生活

你还是我？

这个游戏与自我认知有关。伴侣可以帮助你更多地了解你的缺点、独特的怪癖，以及造就你的原因。判断以下陈述更接近"伴侣"还是"自己"，然后与伴侣的答案对比。

谁做饭时用的锅碗瓢盆更多？
伴侣☐ 我☐

家里突然出现虫子，主要由谁负责杀？
伴侣☐ 我☐

谁更在意外面奇怪的噪声？
伴侣☐ 我☐

洗碗槽堆满时，谁更着急？
伴侣☐ 我☐

谁挤牙膏挤得更干净？
伴侣☐ 我☐

谁半夜起来上厕所时声音更大？
伴侣☐ 我☐

谁洗碗时用清洁剂更多？
伴侣☐ 我☐

谁更浪费纸巾？
伴侣☐ 我☐

第9章

肮脏的小秘密

用最诱人的声音，对伴侣耳语一些你在家里做过的肮脏小事。你可以讲自己的故事，也可以从第156页的列表中挑选一些灵感（并参与进来）。

共同生活

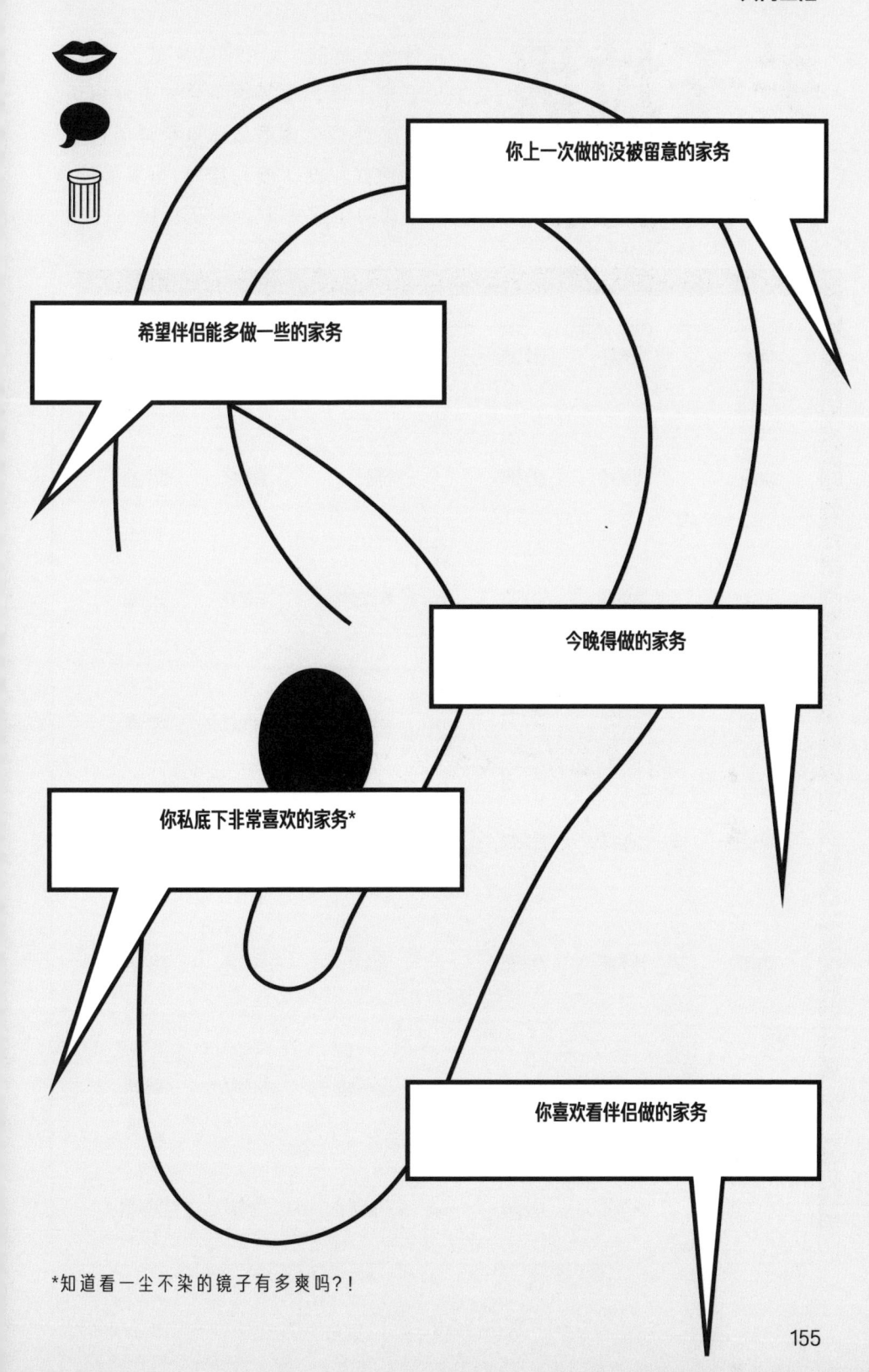

你上一次做的没被留意的家务

希望伴侣能多做一些的家务

今晚得做的家务

你私底下非常喜欢的家务*

你喜欢看伴侣做的家务

*知道看一尘不染的镜子有多爽吗?!

第9章

关于垃圾的讨论

唉，家务活。是的，必须有人来做。厕所不会把自己刷干净，垃圾也不会神奇地消失。在下列家务活中，根据你愿意承担的份额，圈出"当然好"或"没兴趣"。如果某一条不适用于你的实际情况，可以跳过。

掸灰:	当然好	没兴趣		整理文件:	当然好	没兴趣
清扫:	当然好	没兴趣		拖地:	当然好	没兴趣
吸尘:	当然好	没兴趣		整理庭院:	当然好	没兴趣
洗碗:	当然好	没兴趣		管理预算:	当然好	没兴趣
喂宠物:	当然好	没兴趣		清洁浴室:	当然好	没兴趣
洗衣服:	当然好	没兴趣		倒垃圾:	当然好	没兴趣
准备饭菜:	当然好	没兴趣		去杂货店购物:	当然好	没兴趣
熨烫衣服:	当然好	没兴趣		收纳整理:	当然好	没兴趣

共同生活

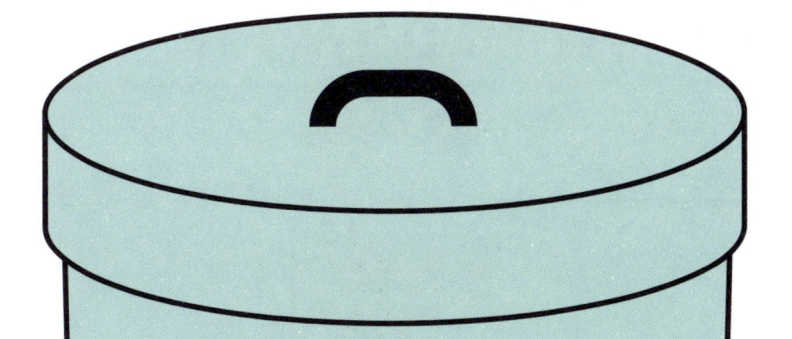

⏩ 后续活动

你们是不是各有各讨厌的家务？你讨厌洗碗但不介意做饭吗？那就可以达成协议：一个人洗碗，另一个人做饭。如果你们都不喜欢做某件事，则可以找个折中的办法。主动一点，问问对方你能帮上什么忙。因为时间久了，对家务的怨恨会累积起来，变得难以化解。让家务变得有趣的建议还包括：

跳舞
打开音乐做家务，练习舞步（你知道，学跳舞需要很多额外的练习）。

比赛
比比看谁能更快地清空洗碗机，并记下当前的纪录保持时间。（免责声明：我们不为摔碎的碗盘负责——估计会有不少。）

交换
尝试用一天时间交换彼此的"指定"家务。*

游戏
当你玩得开心的时候，时间会流逝得特别快。

*嗨，你丈夫希望我们提醒你整理床铺。
（别忘了把床单铺好！）

第9章

糟糕的场景

以下四组生活情景中,你觉得哪个更糟糕?完成选择后,与伴侣比对答案。

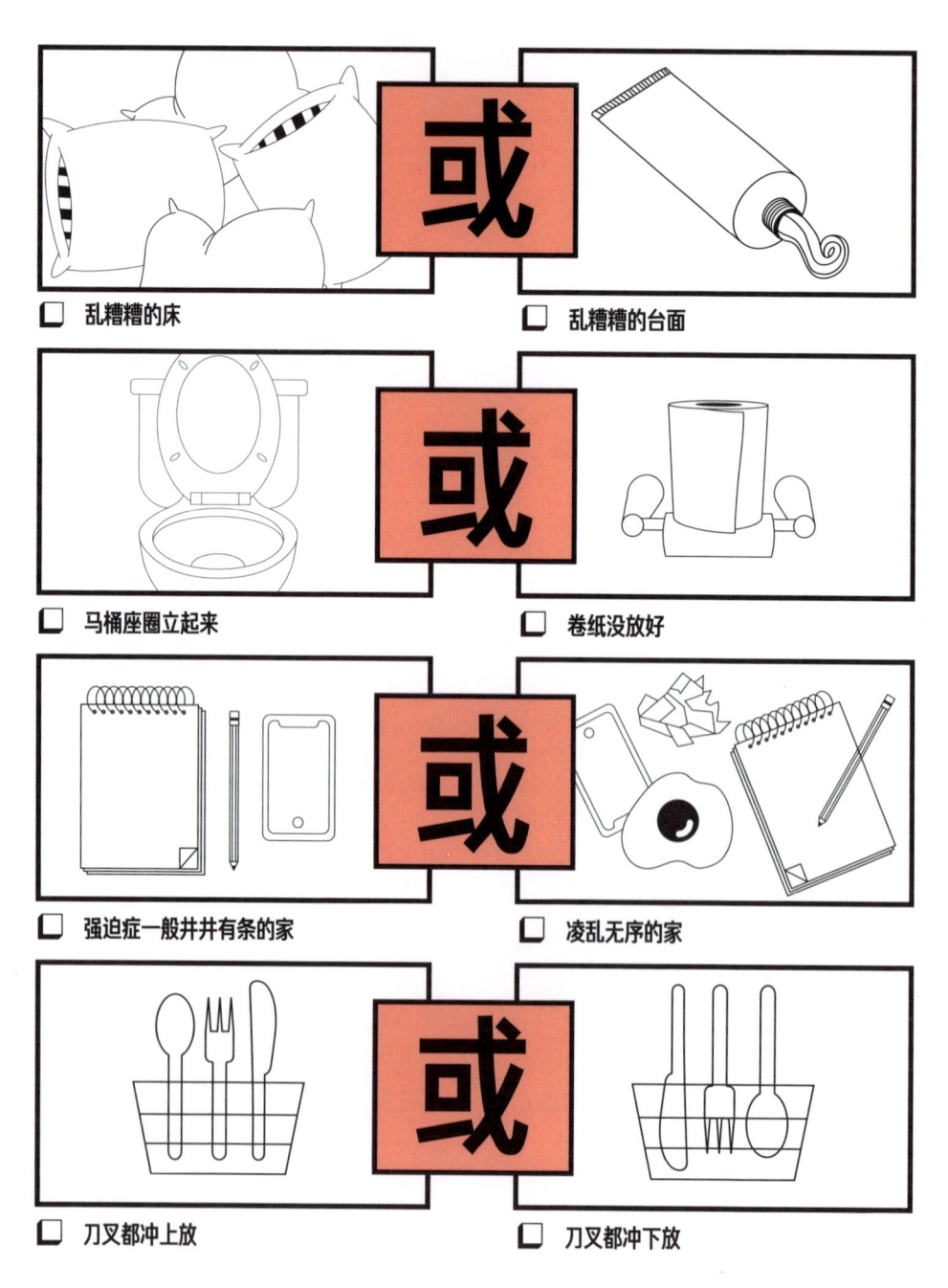

- ☐ 乱糟糟的床 **或** ☐ 乱糟糟的台面
- ☐ 马桶座圈立起来 **或** ☐ 卷纸没放好
- ☐ 强迫症一般井井有条的家 **或** ☐ 凌乱无序的家
- ☐ 刀叉都冲上放 **或** ☐ 刀叉都冲下放

共同生活

物质享受

填写以下两部分内容。如果你这辈子只能在家里放三样东西,那会是什么?如果你能扔掉伴侣的三样东西,你会扔什么?完成后,与伴侣分享答案并进行讨论。

永远保存

1.
2.
3.

立马扔掉*

1.
2.
3.

*抱歉,但你恐怕马上就要失去崭新的玩具小人和松垮的高中国际象棋队T恤了(没关系,我相信你还有很多别的睡衣)。趁它们眼下还在,珍惜吧。

第9章

纯属好奇，你对杂乱的容忍度有多高？

完全无法容忍，我放袜子的抽屉都是按颜色收纳的。

共同生活

别管我！

能容忍一些。我有自己的一套体系。

第9章

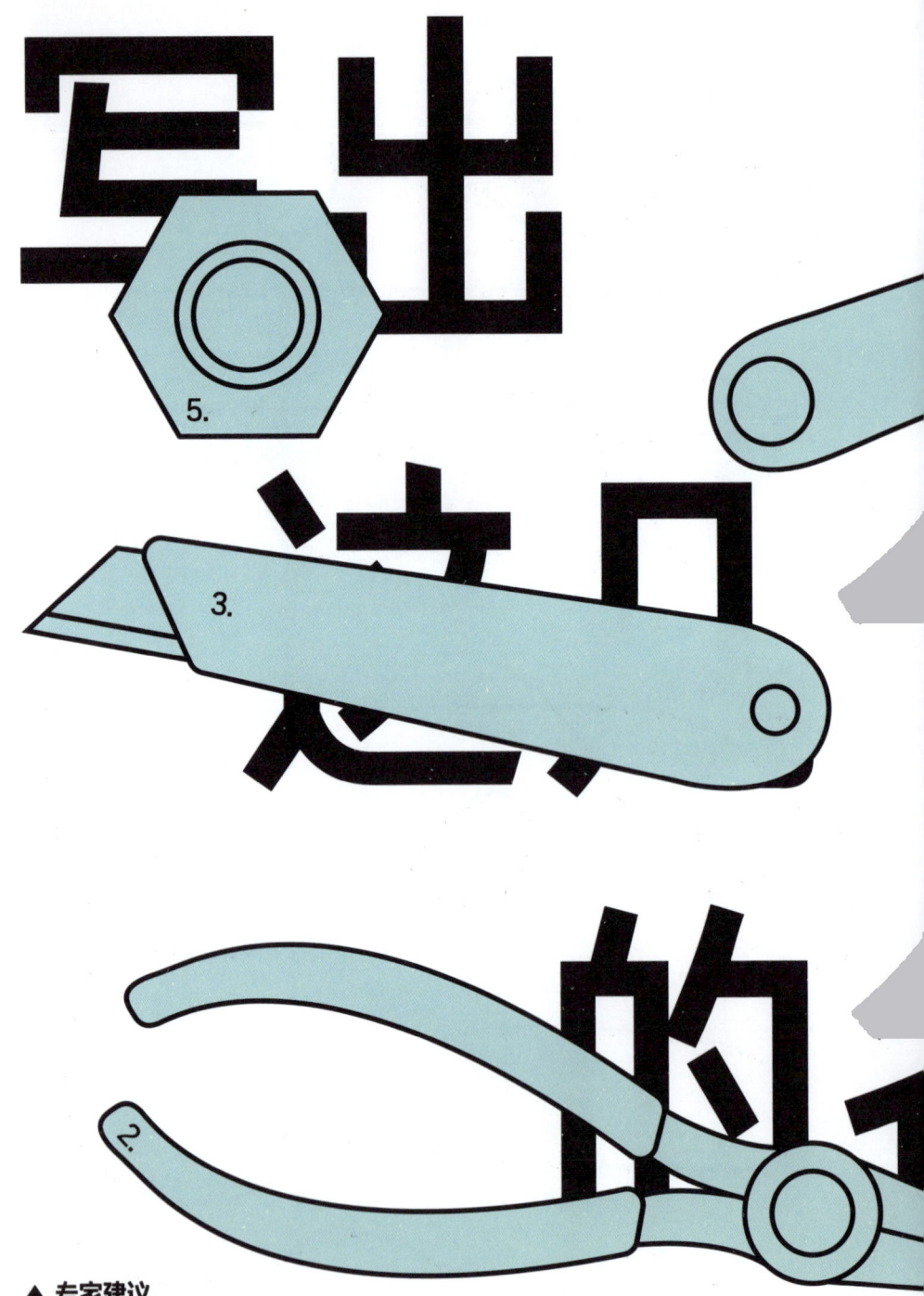

写出这几的

♦ **专家建议**

为了避免唠叨和拖延，每周六用30分钟来修理一下家里的物品吧。

工具名字

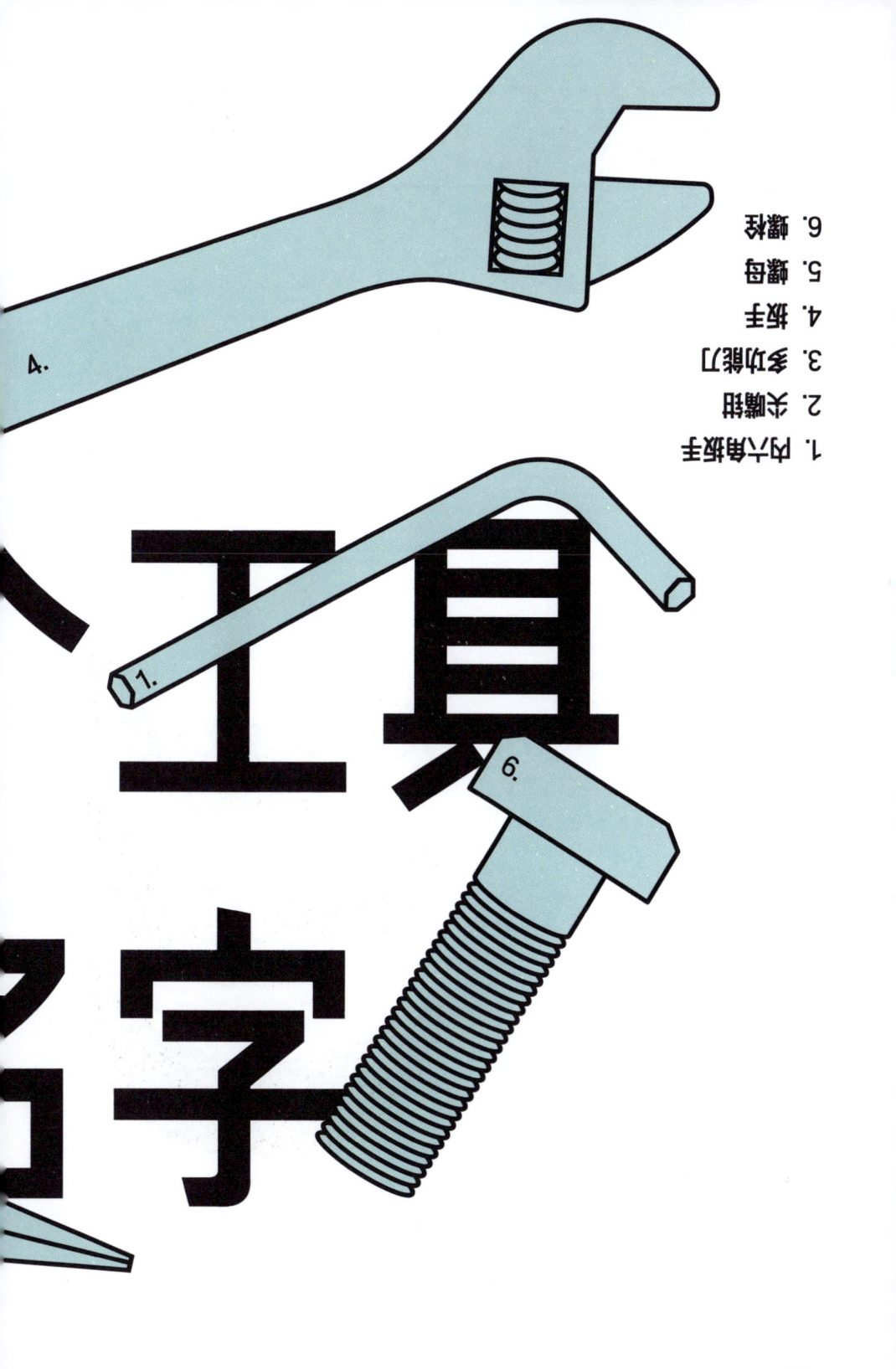

1. 内六角扳手
2. 火嘴鉗
3. 多功能刀
4. 扳手
5. 螺母
6. 螺栓

第9章

香蕉快坏了!

香蕉放到什么程度你就不愿意吃它了？圈出下面相应的香蕉，然后和伴侣的答案进行对比。

*哦，我猜你不吃含麸质食品，对吗？

新鲜又干净

出现许多斑点

柔软而黏糊

做香蕉面包那种软烂的程度*

开始发黑

☺ 有趣的事实

美国家庭平均每年浪费大约1200磅（约544千克）的食物，这种情况非常糟糕。烂掉的香蕉真不应该白白浪费掉。如果你发现香蕉就快坏了，抓紧吃吧。在此提供一份制作香蕉面包的简易配方*：6根熟透了的香蕉、2杯通用面粉、1茶匙食用小苏打、半茶匙盐、半杯黄油、1杯红糖、2个鸡蛋混合均匀，然后在170℃的面包盘中烘烤一小时。

共同生活

菜单

一起来谈谈食物吧。你会和伴侣一起吃很多顿饭，因此，考虑住在一起之后的饮食习惯就很重要。阅读以下内容，和伴侣一起探讨你希望的改变方式。

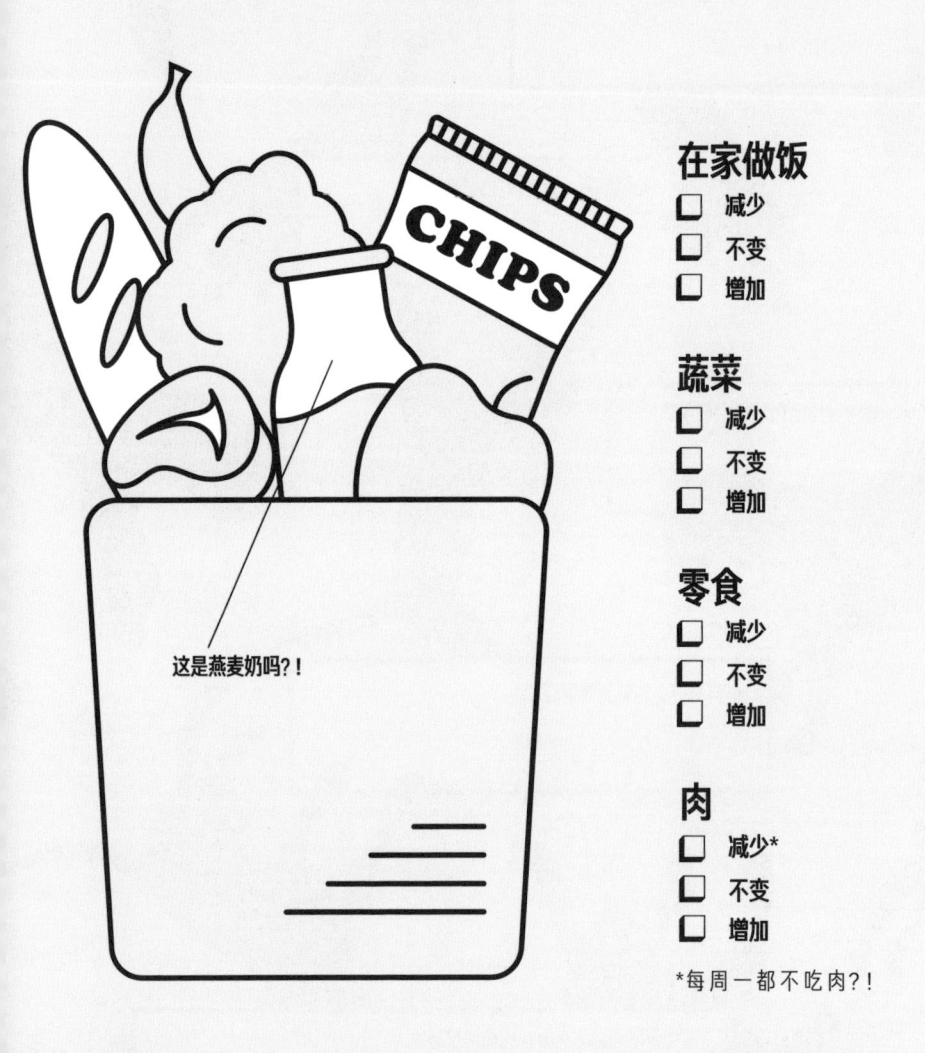

这是燕麦奶吗?!

在家做饭
☐ 减少
☐ 不变
☐ 增加

蔬菜
☐ 减少
☐ 不变
☐ 增加

零食
☐ 减少
☐ 不变
☐ 增加

肉
☐ 减少*
☐ 不变
☐ 增加

*每周一都不吃肉?!

▶▶ **后续活动** 什么促使你健康饮食？想要更美还是希望自己感觉更好？反过来说，什么导致你饮食不健康？希望你们能互相激励，生活得越来越健康。

第9章

猫猫狗狗

关于宠物的讨论可能会很激烈。冷静下来，好好谈谈宠物问题吧。通过回答以下五个问题来释放你被禁锢的欲望和感受。坐下。别走。谈一谈。

你愿意在家里养宠物吗？

如果愿意，你会养什么宠物？

你想过给宠物取什么名字吗？

你打算什么时候开始养宠物？

宠物带来问题怎么办？比如说过敏？

共同生活

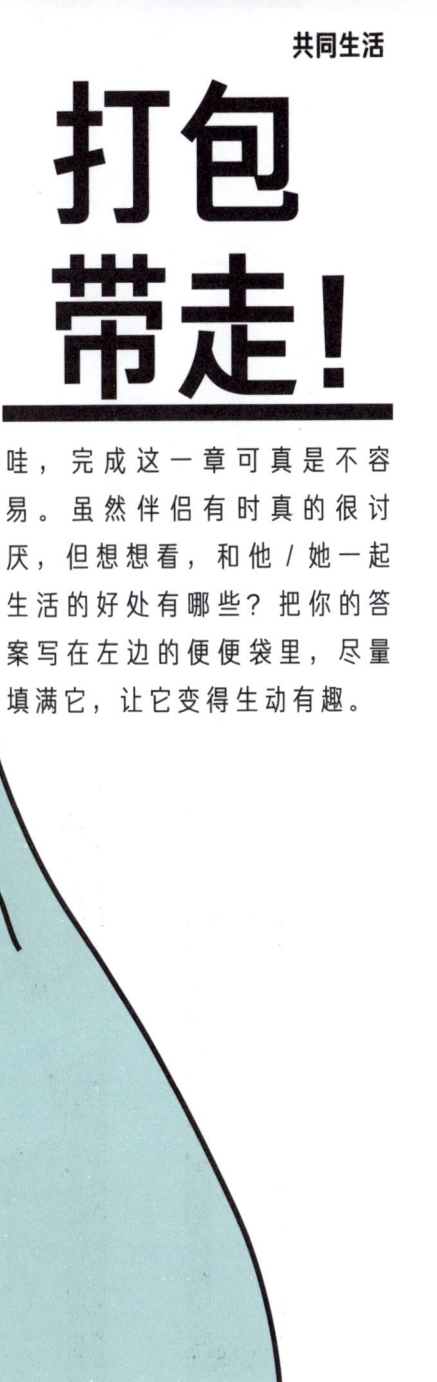

打包
带走!

哇,完成这一章可真是不容易。虽然伴侣有时真的很讨厌,但想想看,和他/她一起生活的好处有哪些?把你的答案写在左边的便便袋里,尽量填满它,让它变得生动有趣。

猜猜哪里不能碰

第10章

亲密
爱的语言
性感

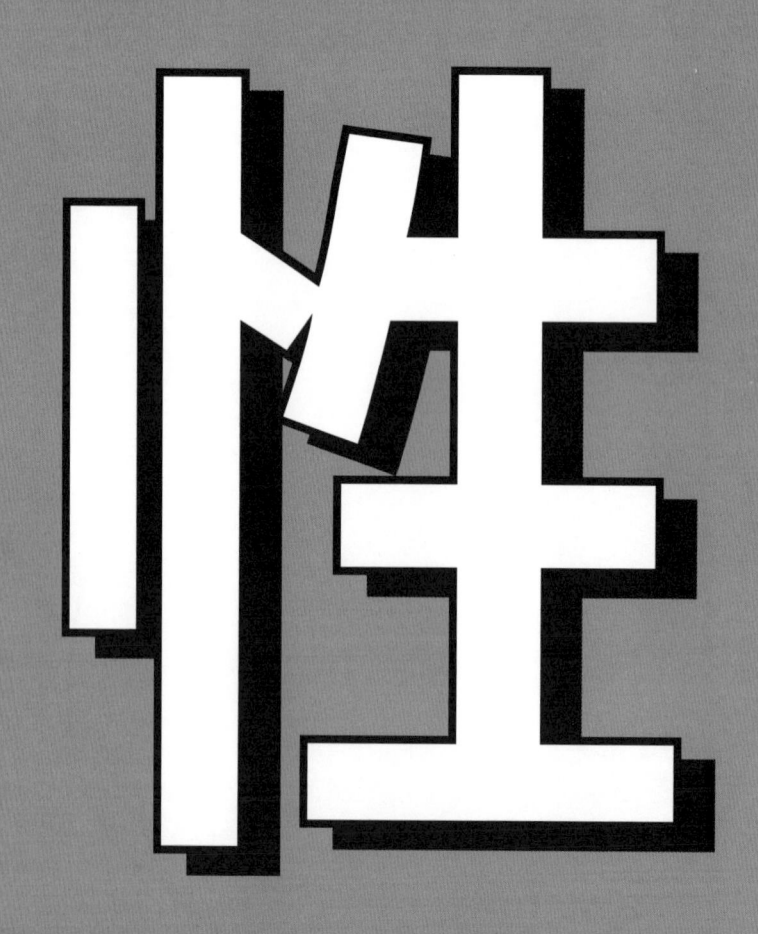

性

本章目标
讨论你和伴侣对亲密关系的感受,并了解对方喜欢的爱情语言。

爱

第10章

蓝钢脸①

摆个姿势，给伴侣展示你最性感的模特表情。

① 电影《超级名模》（Zoolander）中，主角是一个国际名模，每次摆出蓝钢脸（blue steel）时，就会令全场所有人陷入其独特魅力之中。因此，蓝钢脸被用来形容极富魅力的表情。——译者注

♦ **专家建议**

为了最大限度地展示性感,不要羞于嘟起嘴唇、眯起眼睛、扬起眉毛、压下肩膀。

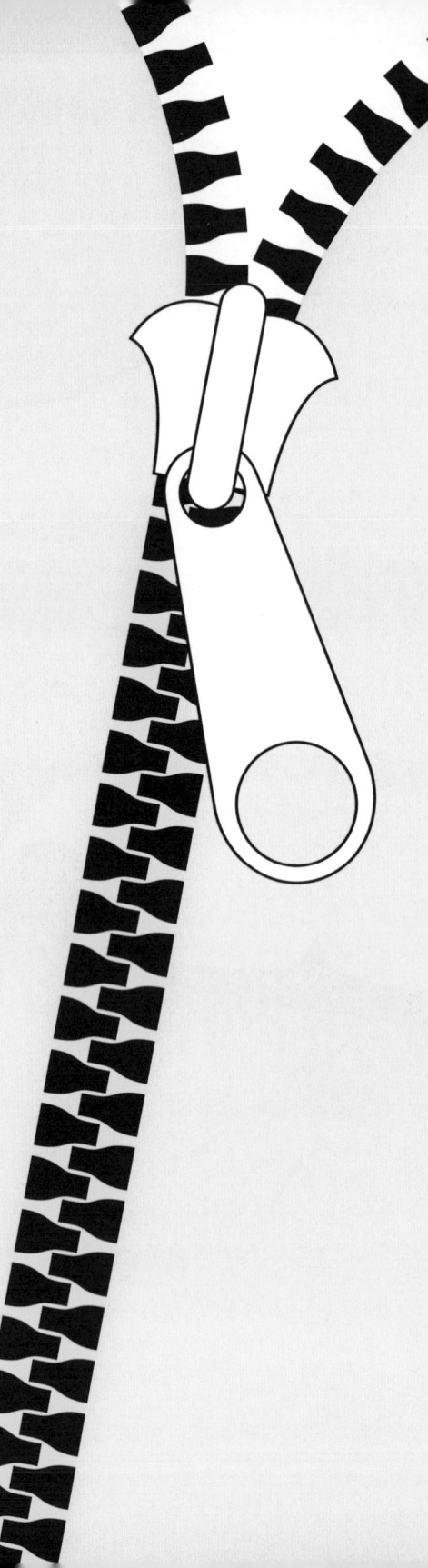

第10章

性爱

聊聊性感火辣的话题吧!

拉上(下)拉链

通常是谁先行动?

☐ 伴侣 ☐ 我

通常是谁在背后抱住对方?

☐ 伴侣 ☐ 我

谁控制节奏?

☐ 伴侣 ☐ 我

谁的睡衣更丑?

☐ 伴侣 ☐ 我

谁会更晚睡着?

☐ 伴侣 ☐ 我

最近一次说"你真性感"的人是谁?

☐ 伴侣 ☐ 我

第10章

风味

在下面的图中,你会如何描述自己的性冒险?用这些经典的冰激凌口味来引导你!

法式香草

香草

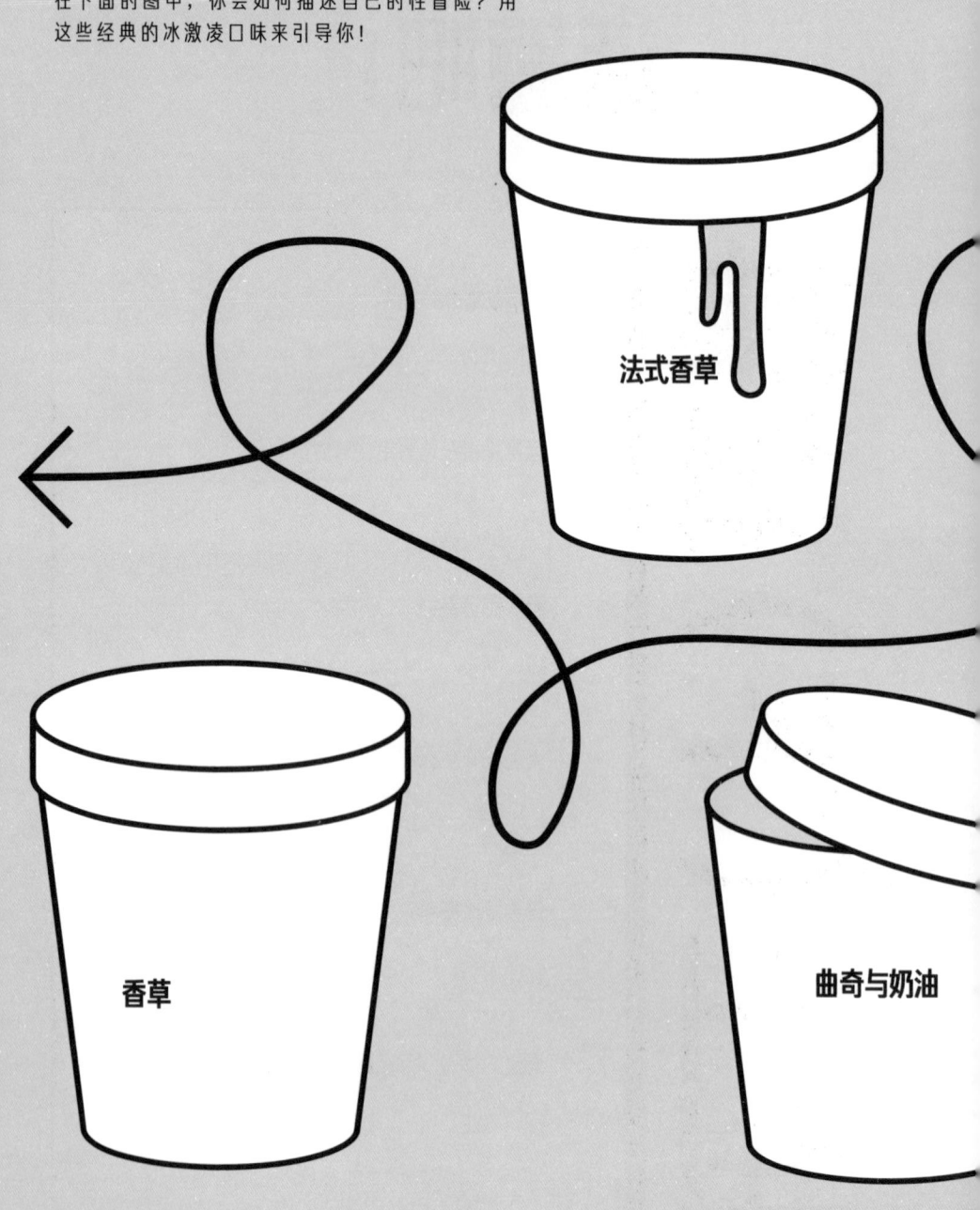

曲奇与奶油

性爱

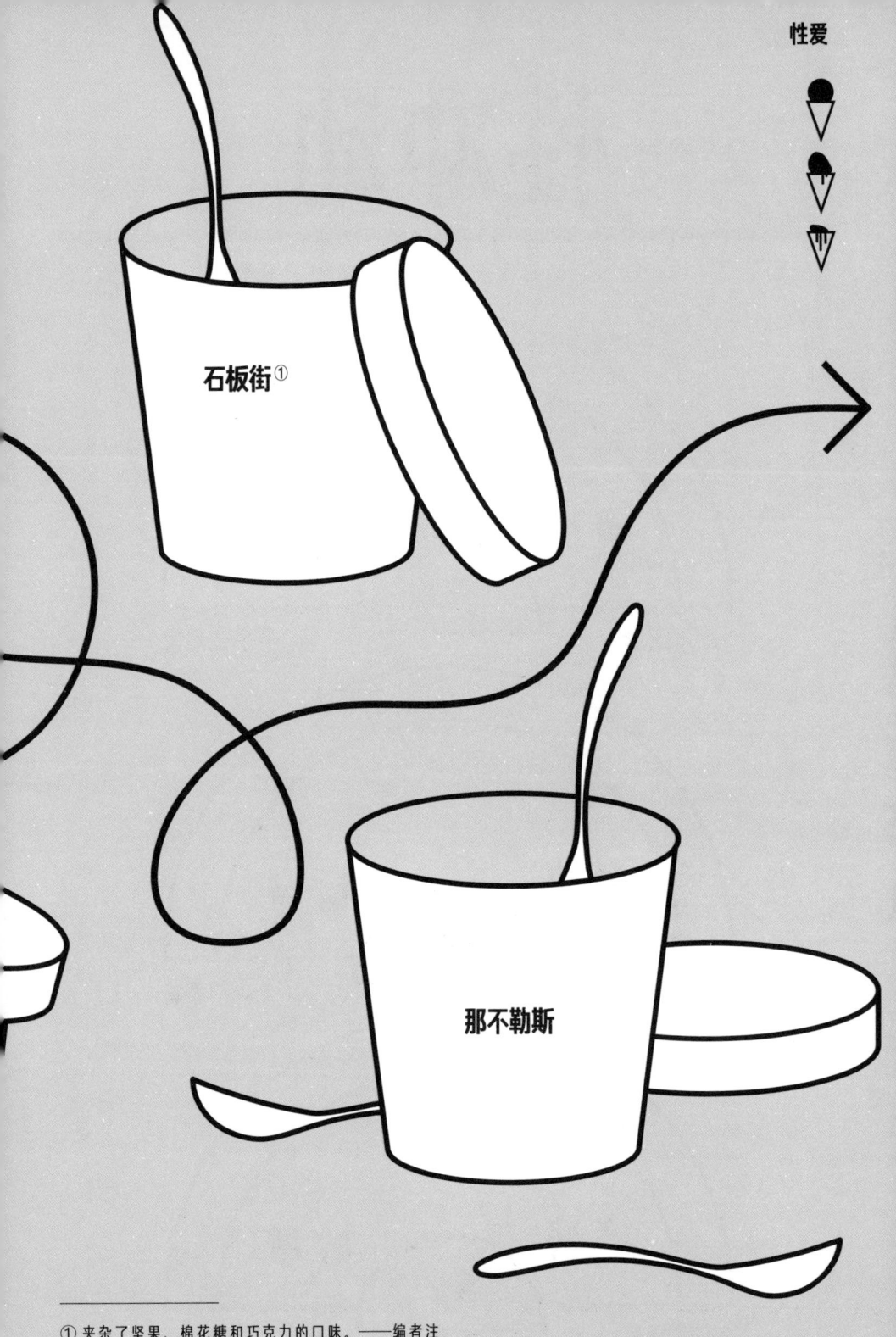

石板街①

那不勒斯

① 夹杂了坚果、棉花糖和巧克力的口味。——编者注

第10章

性冲动

在下面的图中画出箭头，标明你在不同时间段的性冲动程度。

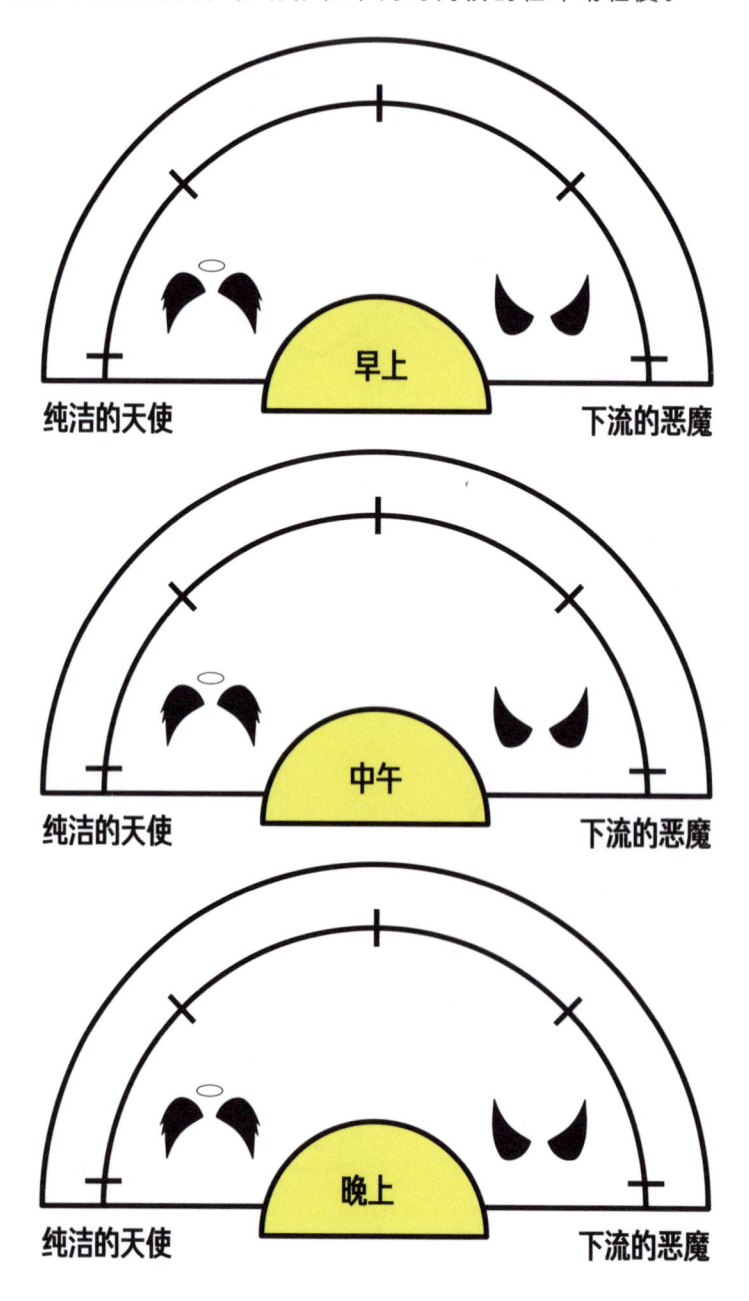

早上

纯洁的天使　　　　　　　下流的恶魔

中午

纯洁的天使　　　　　　　下流的恶魔

晚上

纯洁的天使　　　　　　　下流的恶魔

性爱

小提示

1. 优先排出"情侣独处的时间"——性不是毫不费力就能拥有的事情，所以要腾出时间来。

2. 首先通过心与心的联结来欣赏彼此——情感上的亲密联结有助于提高性生活质量。

3. 拥抱或长时间凝视——这些小小的瞬间会起到很大的作用。

4. 直截了当地说出你想要什么或者需要什么——别以为伴侣会发自本能地明白你所有的需要，那都是好莱坞制造的幻梦。

5. 不要有压力——爱抚并非必须以性结束。

第10章

爱的五种语言

每个人对爱的表达和感受都不一样。了解这些差异可以极大地提升你的亲密关系质量。你最需要什么样的爱？给下面的心形图填上色彩，说出你喜欢的爱情语言。*你涂出的心形图案越大，就代表越喜欢。

2. **关心和帮助**——重点是行动，而不是言语。这是表达和接受爱的标志。

1. **礼物**——收送礼物是爱与感情的象征。

*根据加里·查普曼（Gary Chapman）的五种爱情语言测试改编。

性爱

3. **身体接触** —— 通过各种形式的身体接触来表达情感。

4. **共度时光**—— 专心致志、不受打扰地表达爱意。

5. **多加赞赏**——将爱意、赞扬或欣赏直接说出来。

▶▶ **后续活动**

看看伴侣的答案，看看他/她画的心吧。你的伴侣最看重什么形式的爱？你还能做些什么让他/她更快乐？

第10章

爱的行动

在下一页的空白处，对于每一种爱的语言，各列出两种你可以向伴侣表现的方式。

▸▸ **后续活动**

在下一页的列表中圈出一两项行动，本周就实现它们。

性爱

赞赏的话语
1.
2.

关心的行动
1.
2.

共度时光
1.
2.

身体接触
1.
2.

礼物
1.
2.

第10章

性的唤起

性也会有起有落有高有低。回答以下三个问题，然后与伴侣进行比较和讨论。
一周几次会让你特别"性福"？

一周几次会让你特别"性福"？

你：

伴侣：

一周几次会让你感到满足？

你：

伴侣：

一月几次是你能忍受的最低限度？

你：

伴侣：

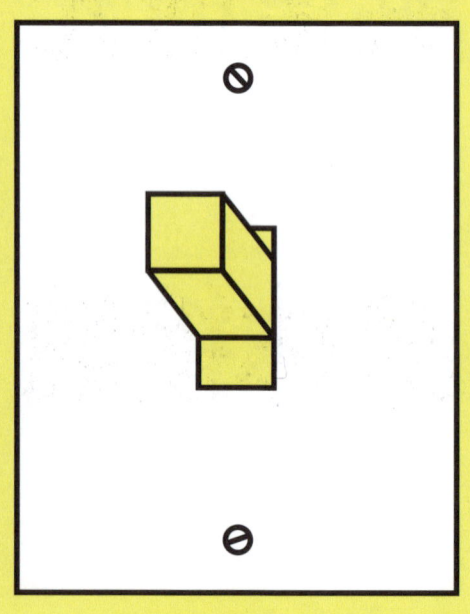

◆ **专家建议**

根据一项覆盖全美的调查，情侣们普遍认为，每周四次会让人特别"性福"，每周一次基本满足，每月一次是最低要求。如果你的答案和伴侣不同，那很正常——只要通过调整，找到双方满意的频率就行了。

性爱

性的阻碍

有很多不同的事情会阻碍你的性生活。最大的障碍是什么？根据下列提示，想一想过去发生过的问题，并与伴侣进行比较。

- ☐ 睡前争吵
- ☐ 工作到很晚
- ☐ 筋疲力尽
- ☐ 不安全感
- ☐ 口臭

- ☐ 玩手机分心
- ☐ 缺乏爱的语言
- ☐ 沉迷看电视
- ☐ 猫一直盯着你们
- ☐ 多吃了一块馅饼

- ☐ 孩子
- ☐ 吃太多冰激凌
- ☐ 睡衣太丑
- ☐ 工作压力大
- ☐ 亲密时间有限

第10章

触碰我，
挑逗我……

你的伴侣喜欢被抚摸哪里？喜欢什么样的爱抚方式？在下图列出的身体部位旁勾选出合适的选项，然后将你的答案与伴侣进行比较。你也可以随意画出性感的曲线，或是添上内衣。发挥你的想象力吧……

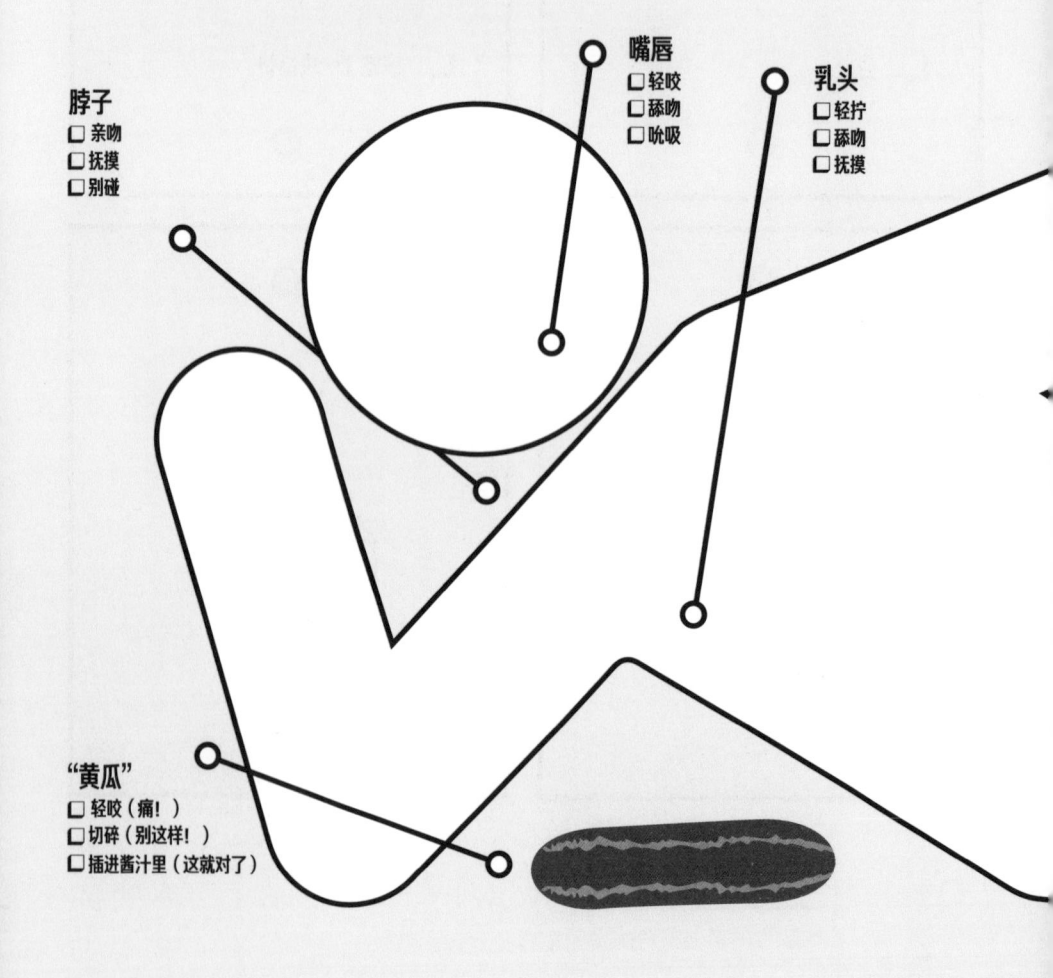

嘴唇
☐ 轻咬
☐ 舔吻
☐ 吮吸

乳头
☐ 轻拧
☐ 舔吻
☐ 抚摸

脖子
☐ 亲吻
☐ 抚摸
☐ 别碰

"黄瓜"
☐ 轻咬（痛！）
☐ 切碎（别这样！）
☐ 插进酱汁里（这就对了）

性爱

这里不能碰！

触觉是我们最原始的感觉。新生儿做的第一件事就是出于好奇而触摸，从而探索这个世界。年轻的时候，抚摸往往与性相结合，人们更倾向于认为抚摸必然导向性行为。事实上，我们需要重新认识到抚摸的重要性。重新体验抚摸的感觉，而不是只关注被它激起的压力，这有助于与伴侣建立更有意义的联结。

在感官集中练习中，我们将练习与性无关的抚摸，用以建立信任感和亲密感，而不是试图唤醒伴侣的欲望。它能帮助恋人们学会享受抚摸带来的纯粹乐趣。

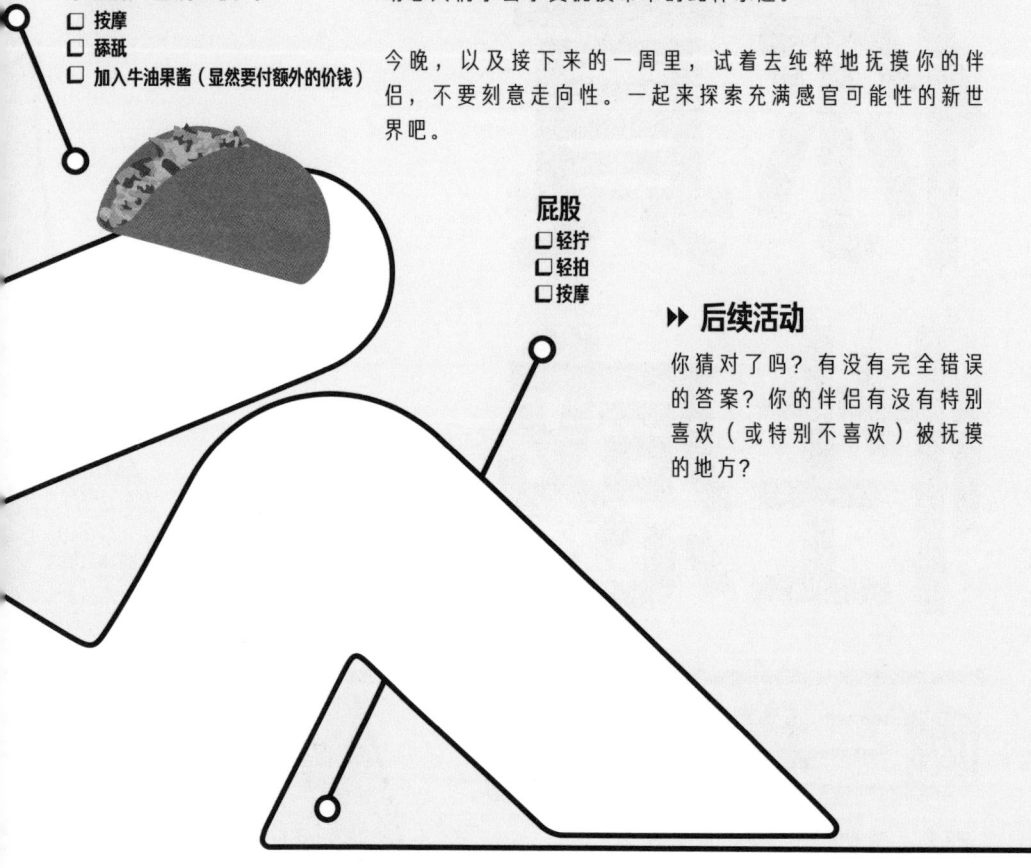

今晚，以及接下来的一周里，试着去纯粹地抚摸你的伴侣，不要刻意走向性。一起来探索充满感官可能性的新世界吧。

* "周二卷饼之夜"变得令人浮想联翩……①

"墨西哥卷饼"*
（哇哦，卷饼之夜！）②
- ☐ 按摩
- ☐ 舔舐
- ☐ 加入牛油果酱（显然要付额外的价钱）

屁股
- ☐ 轻拧
- ☐ 轻拍
- ☐ 按摩

▶▶ 后续活动

你猜对了吗？有没有完全错误的答案？你的伴侣有没有特别喜欢（或特别不喜欢）被抚摸的地方？

---

① 原意是"周二吃墨西哥卷饼"。NBA球星詹姆斯每周二都会带家人一起吃墨西哥卷饼，久而久之，成了詹姆斯最爱的口头禅，于是提交申请将"Taco Tuesday"正式注册为商标。球迷们在詹姆斯获得比赛胜利时会高呼Taco Tuesday，用特别的方式向詹姆斯致敬。——译者注
② 在美国，墨西哥卷饼（Taco）有时被引申为女性性器官。——译者注

第10章

现在的你真性感

哪三样东西有助于点燃气氛？*

1.

2.

3.

*舒畅的爵士乐、蜡烛……或是"万无一失"的建议：歌手Juvenile的歌曲"Back That Azz Up"。

性爱

你们各自能做到哪三件事，让性关系变得更融洽？

打包带走！

哇，这些话题可真是太激烈了。现在你们都又躁又热了吧，可以暂停15分钟，用来……

1.

2.

3.

▶▶ 后续活动

在一段亲密关系的早期阶段，我们的激素分泌旺盛，性唤起和性吸引也随之增加。然而，就像鸡尾酒一样，再美妙的风味也会随着时间的推移逐渐淡化。淡化的程度取决于你和伴侣如何用新的方式，热情地保持联结，激发过去那些让人坠入爱河的热烈情感。

第11章

理财观念
支出
储蓄

结婚之后谁管钱?

本章目标

在一段亲密关系中，经济状况是造成压力的主要原因。分享你和伴侣对收入、支出与储蓄的看法以及优先级。

财商

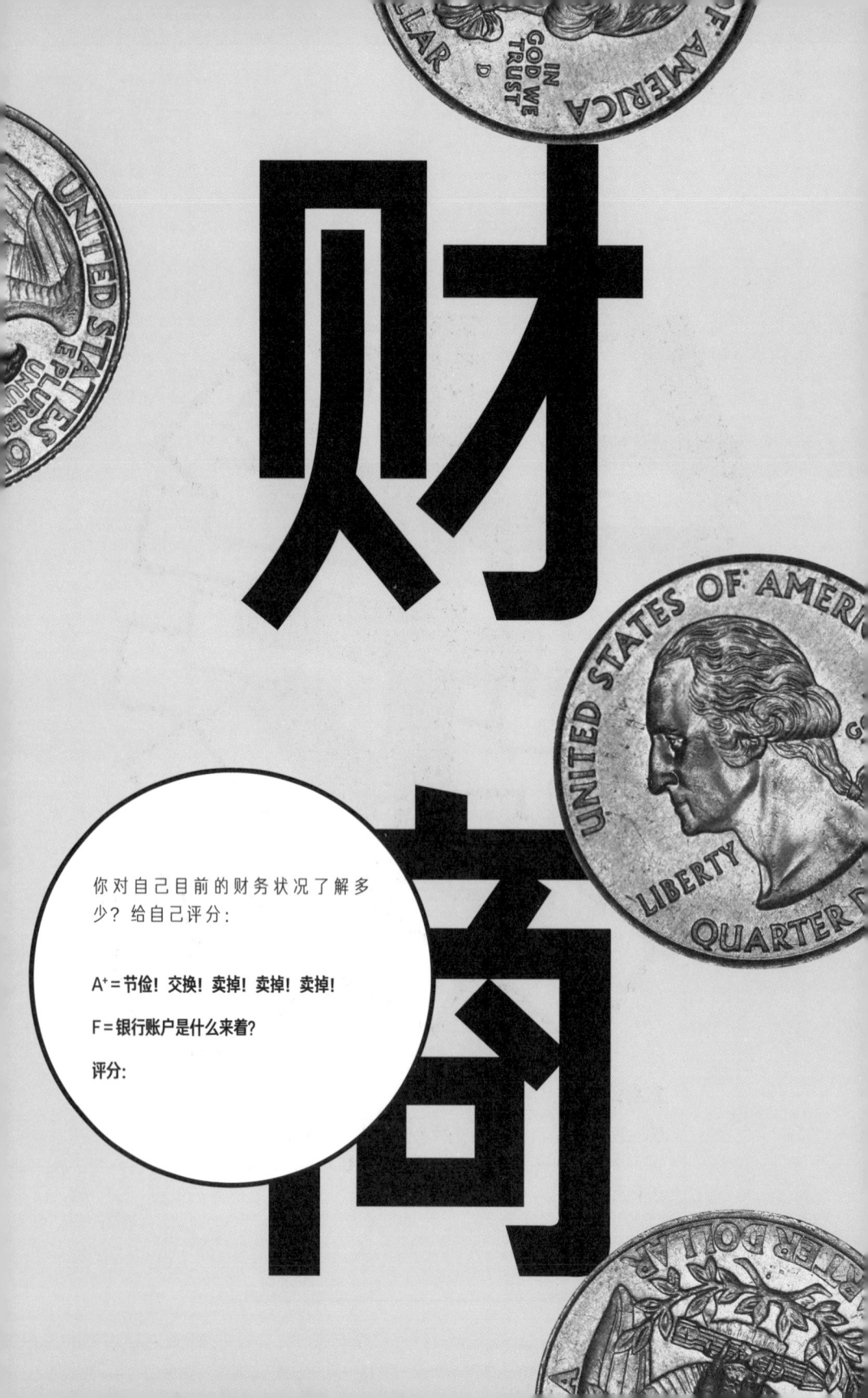

你对自己目前的财务状况了解多少？给自己评分：

A⁺ = 节俭！交换！卖掉！卖掉！卖掉！

F = 银行账户是什么来着？

评分：

理财观念

对于下面的陈述,圈出"是"或"否"。在你认为伴侣会持相反观点的方框里打√。完成后,与伴侣进行比较,并简要讨论对方的答案。

我尊敬经济上成功的人。

是　　否　　☐（伴侣有相反观点?）

我经常将自己的财务状况和同龄人比较,以判断自己的水平。

是　　否　　☐

越有钱越快乐。

是　　否　　☐

我会很乐意把所有的钱存进跟伴侣共同的账户里。

是　　否　　☐

购买昂贵的家具是一个不错的投资决策。

是　　否　　☐

年轻的时候就在自己的资产负债表上安排退休资产,这很重要。

是　　否　　☐

☺ 有趣的事实

资产负债表是你在某一特定时间财务状况的快照,它既显示了你拥有的一切(资产),也显示了你所欠的额度(负债)。损益表则能显示一段时间内资金的流入(收入)和流出(开销)。可以通过学习基本知识,对自己的财务状况负责。

第11章

与钱有关的讨论

勾选以下只能二选一的单选题（在纸币上），
然后回答几个琐碎的问题（在硬币上）。

完美的信用评分是多少？

☐ 环游世界

☐ 奢侈购物

☐ 更爱存钱

☐ 更爱花钱

☐ 高收入但非常忙碌的工作

☐ 收入较低、能实现生活与事业相平衡的工作

金钱

☐ 有机会的话，可以各嗇一点

☐ 没有人愿意斤斤计较

☐ 做公益，我更愿意投入时间

☐ 做公益，我更愿意投入金钱

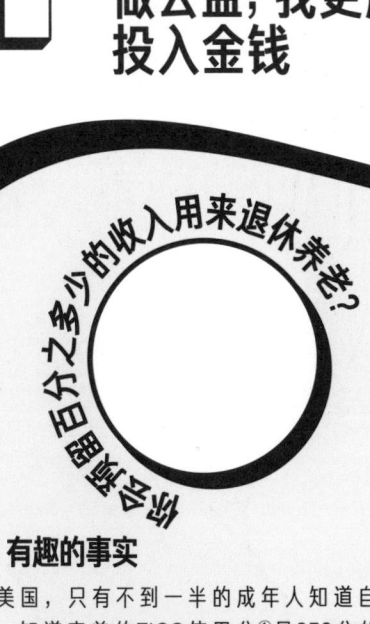

买房子需要攒多少钱？

养孩子每年需要花多少钱？

需要攒百分之多少的收入用来退休养老？

☺ **有趣的事实**

在美国，只有不到一半的成年人知道自己的信用评分，知道完美的FICO信用分[1]是850分的成年人甚至更少（不到20%）。信用评分很重要，因为它决定了你是否能获得融资（如贷款），以及将支付的利率是多少。

---

[1] FICO信用分是由美国个人消费信用评估公司开发出的一种个人信用评级法，已经得到社会广泛接受。——译者注

第11章

你的就是我的

你喜欢和伴侣分享吗？根据你愿意分享的程度给下列图形加上阴影。如果你不愿意与他人分享，可以留白。

餐厅账单

你父母给的钱

自驾游的油费

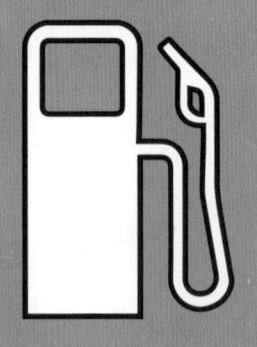

日常购物费用

你的全年收入

你的毕生积蓄

金钱

我喜欢你工作的样子……

事业的意义重大。随着事业的发展，你的个人和职业重点可能会发生变化。在下列文件夹中，选出三个对你来说最重要的选项，并与伴侣分享。记住，职业生涯是不断前行的过程。

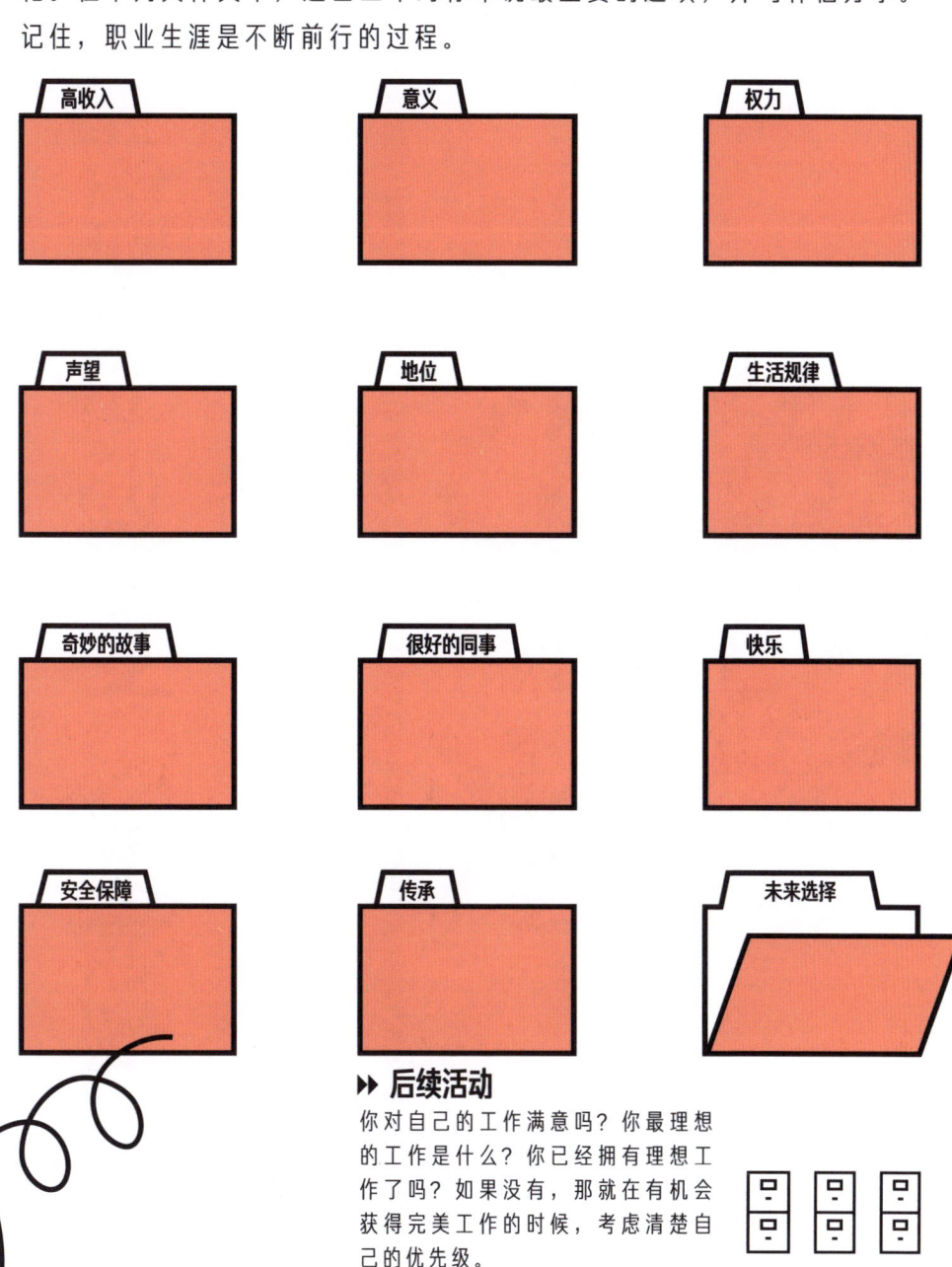

高收入	意义	权力
声望	地位	生活规律
奇妙的故事	很好的同事	快乐
安全保障	传承	未来选择

▶▶ 后续活动

你对自己的工作满意吗？你最理想的工作是什么？你已经拥有理想工作了吗？如果没有，那就在有机会获得完美工作的时候，考虑清楚自己的优先级。

195

第11章

:) = $

花钱买快乐

快乐值多少钱？
工资达到什么水平能让你感到……

金钱

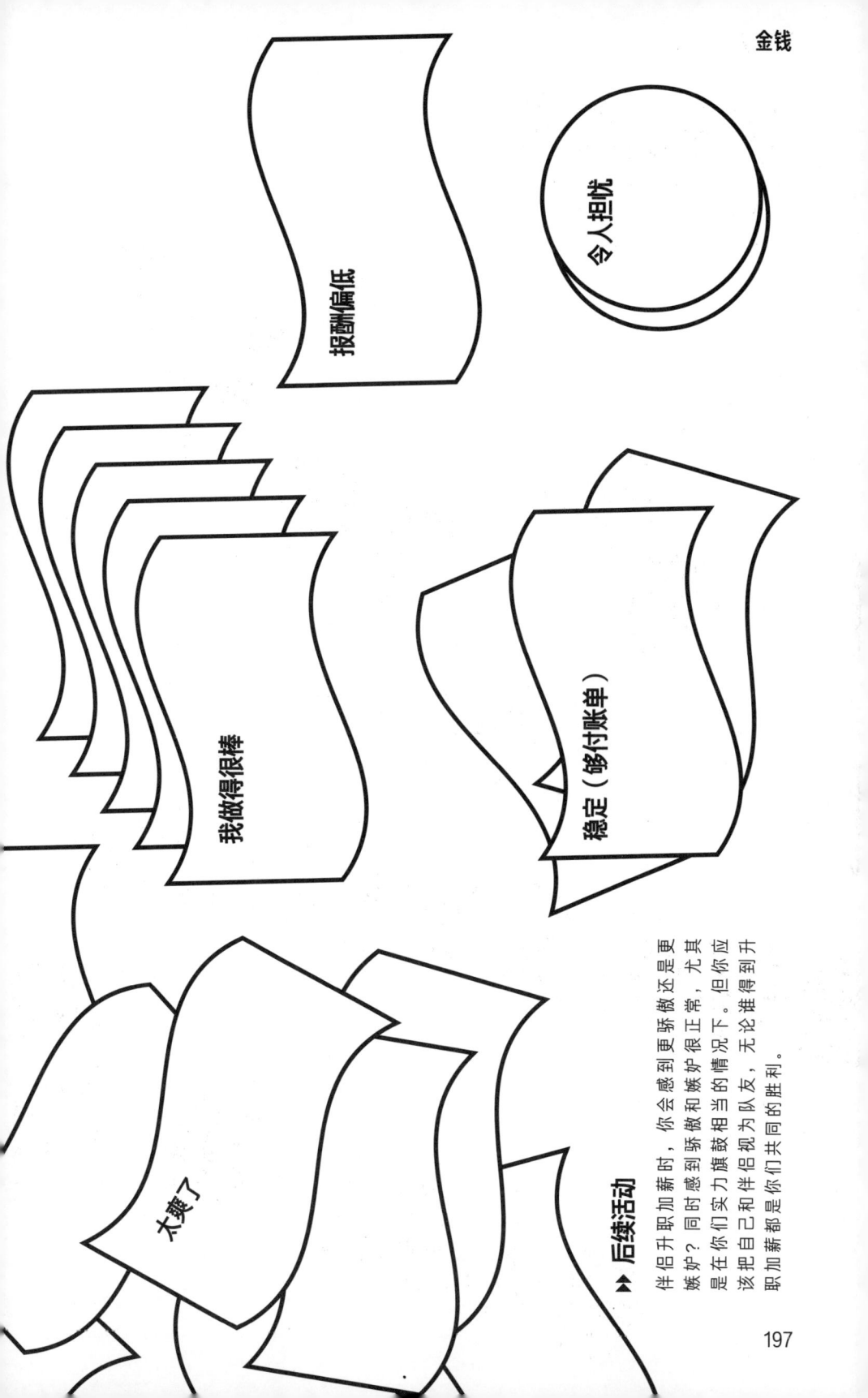

报酬偏低

令人担忧

我做得很棒

稳定（够付账单）

太瘦了

▶▶ 后续活动

伴侣升职加薪时，你会感到更骄傲还是更嫉妒？同时感到骄傲和嫉妒很正常，尤其是在你们实力相当旗鼓相当的情况下。但你应该把自己和伴侣视为队友，无论谁得到升职加薪都是你们共同的胜利。

第11章
最高消费

说出你愿意在下列物品上花费的最高价格。与伴侣分享并比较。

鞋子

沙发

床垫

车

给伴侣父母的礼物

音乐会门票

假期

金钱

婚礼季

说出你愿意为下面的人买结婚礼物的最高消费。与伴侣分享并比较。

最好的朋友

与伴侣的共同朋友

熟人

表兄弟姐妹

兄弟姐妹

第11章

从下面的列表中选择最合理的负债原因。

负

- ☐ 买房
- ☐ 付在拉斯维加斯的赌债*
- ☐ 买名牌包
- ☐ 买车
- ☐ "投资"家具
- ☐ 婚礼
- ☐ 助你走上铁王座之路①
- ☐ 高等教育
- ☐ 出国度假
- ☐ 其他正当理由 _____

*不下桌就不算输,杰尼,对吧?加注啊!加注!

① 铁王座(Iron Throne),《冰与火之歌》中七大王国国王的王座,经常用来比喻权力宝座。——译者注

金钱

债

▶▶ 后续活动

有时候，钱才能生钱。好的债务能让你投资于房子（抵押贷款！）或者教育（助学贷款！），从而帮助你随着时间推移而增加财富。但是，像所有好东西一样，提前消费也要注意适度。贷款买车、买衣服、买网红早午餐（瞧瞧，你是不是花了75块钱买牛油果吐司？），却没有办法偿还，这绝不是理财之道。没钱了吗？那么在买买买之前，一定要三思而后行。

第11章

花钱

你计划未来买什么昂贵物品?

☺ **有趣的事实**

从25岁开始,每个月存500元,到65岁就可以得到140万元的储蓄。用退休计算器来算一算你的个人计划吧!#退休目标#

三十年

十五年

削减

如果你或伴侣突然间收入减半，你会减少或去掉生活中哪三件事？

1

2

3

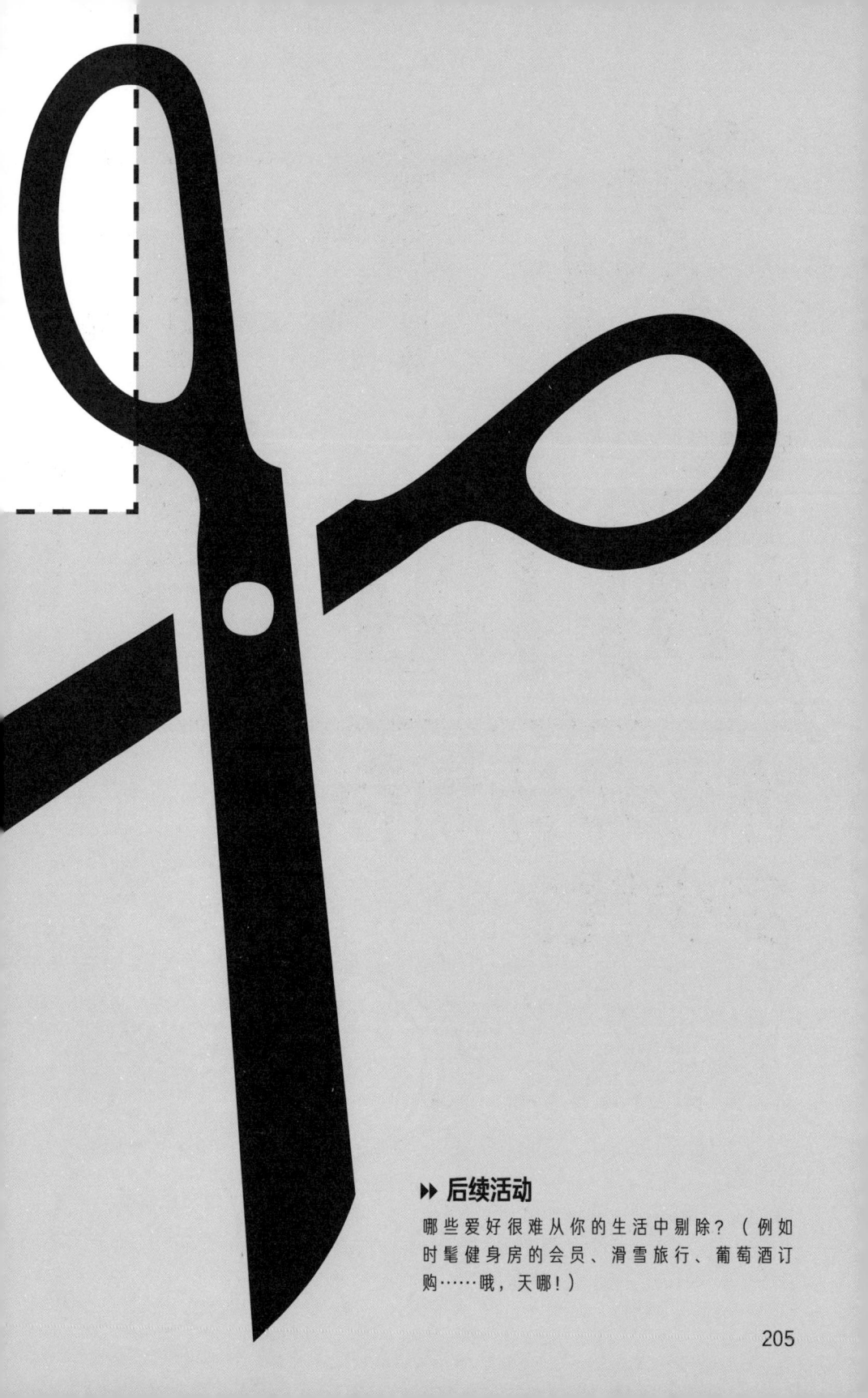

▶▶ **后续活动**

哪些爱好很难从你的生活中剔除？（例如时髦健身房的会员、滑雪旅行、葡萄酒订购……哦，天哪！）

第11章

为未来而储蓄！

你今年计划存多少钱？

总收入

总支出

总储蓄

附加题

如果你的存款以每年4%的速度增长，需要多少年才能将数额翻番？见下面的答案。

答：18年。为什么算出来的？使用有趣、72法则啊！算起神奇！

金钱

到此为止！

财务方面的讨论可能会很困难，因为钱不只是数字。你的理财经验往往能反映出成长经历，同时也能指导未来的理财决策。如果你和伴侣的经济条件不一样，可能很难理解对方。一开始讨论财务问题时，请保持轻松从容。在讨论容易激发情绪的问题（比如债务和信用记录）之前，先分享彼此的财务目标（包括短期和长期）。尊重对方在收入、支出和储蓄方面的价值观。保持心态开放的沟通是未来在经济上获得成功的关键。

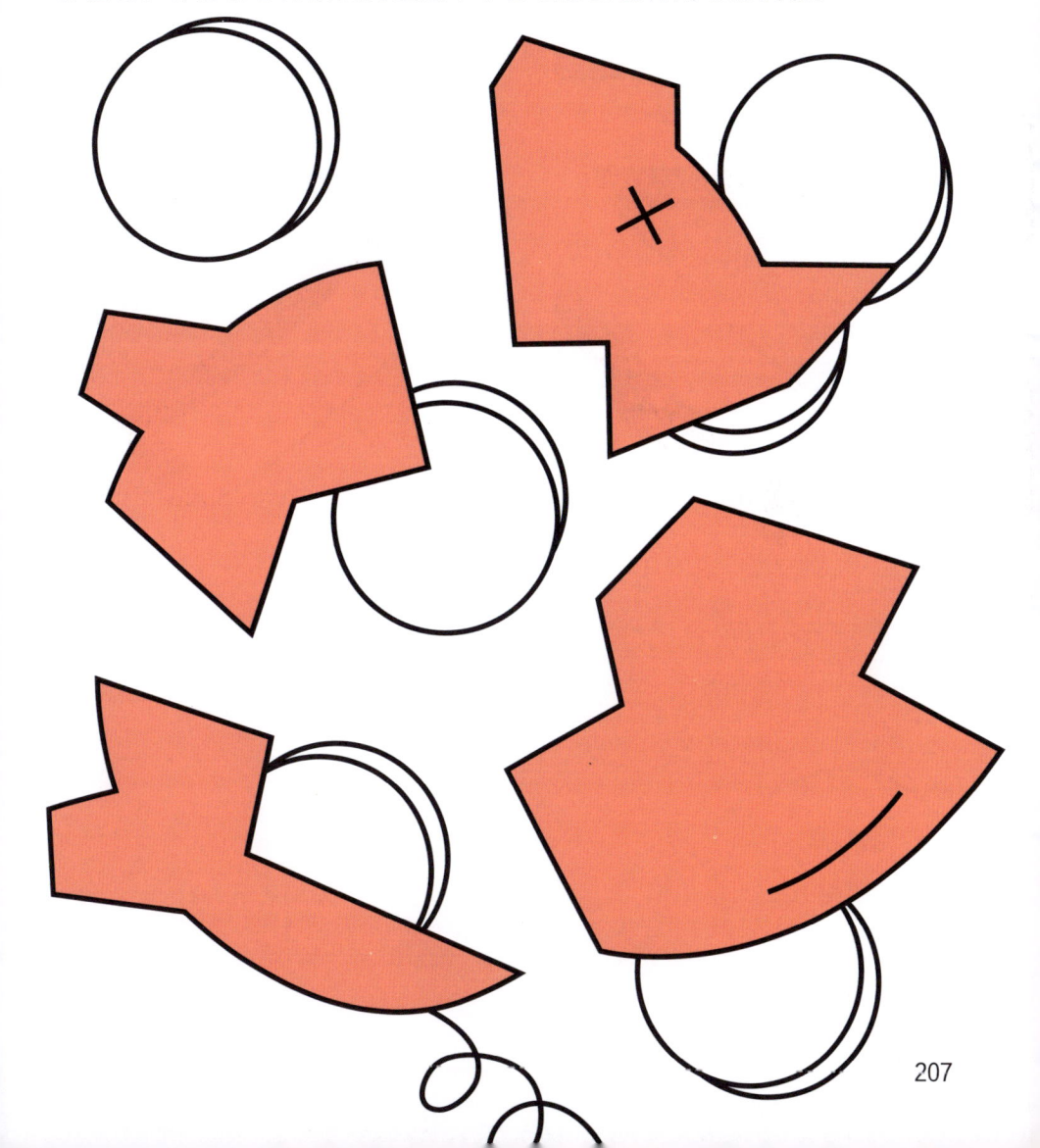

画张对方30年后的肖像画

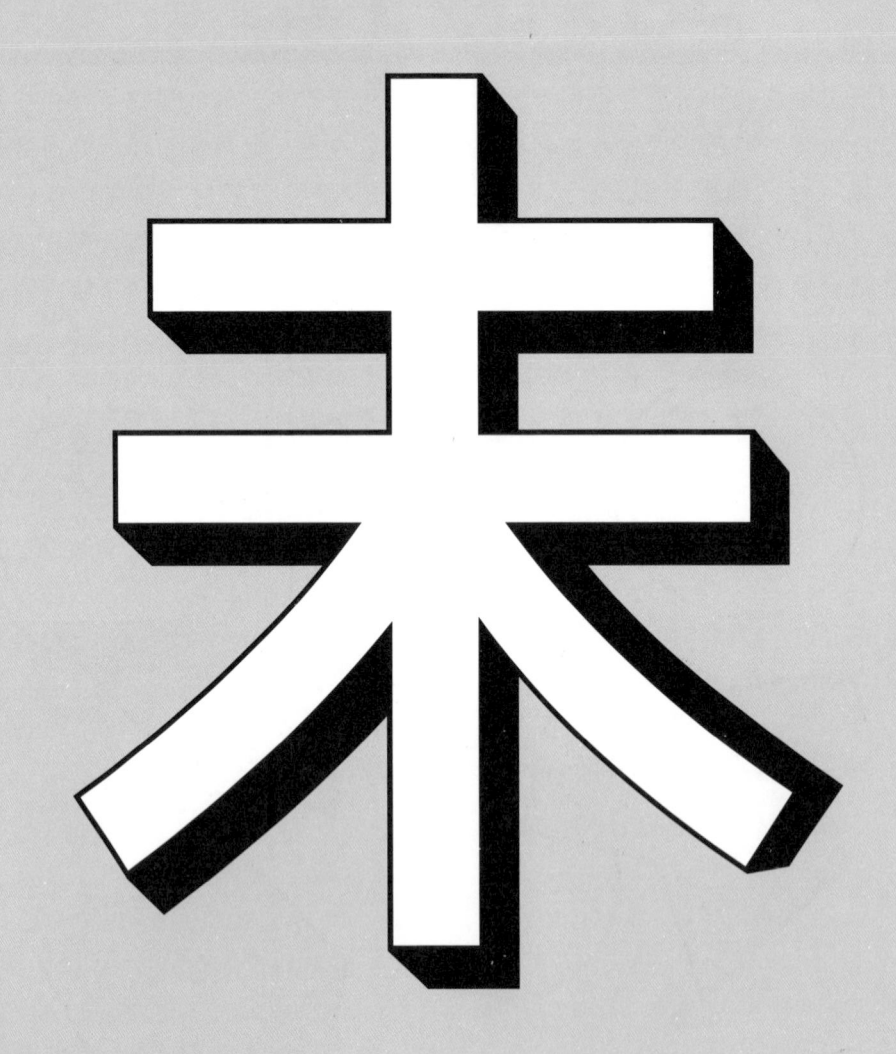

末

第12章

愿望
未来的自我
目标

来

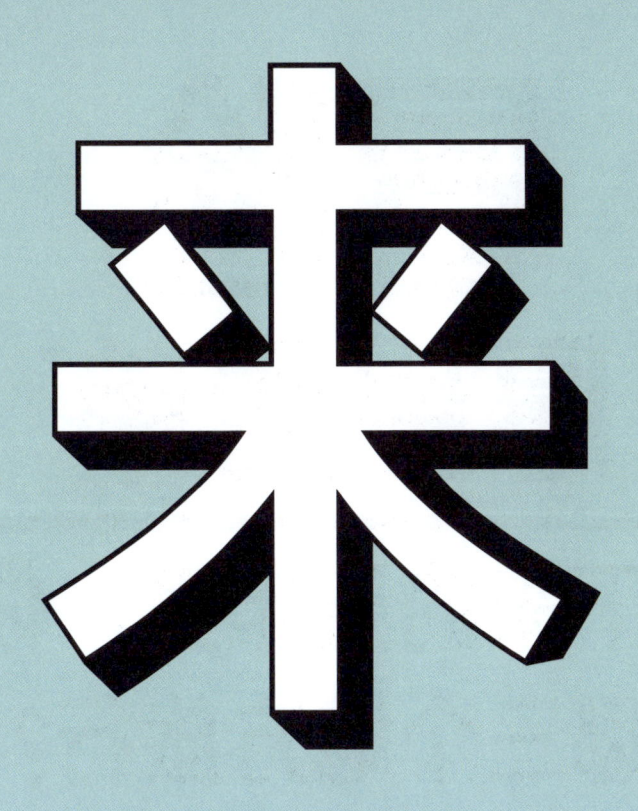

本章目标

讨论你的未来和你们的未来。做出规划,讨论如何帮助彼此,共同实现目标。

冒险
愿望清单

在接下来的五年里,你最想去哪三个地方旅行?

1.

2.

3.

未来

第12章

未来的我，

谁更可能做下列行为？

你　　　　　　　　　　　　　　　　　伴侣

☐　　　　　　完全放弃开车　　　　　　☐

☐　　　　　　竞选政界职位　　　　　　☐

☐　　　　　　学习演奏新乐器　　　　　☐

☐　　　　　　成为高管　　　　　　　　☐

☐　　　　为你们孩子的新玩具而兴奋不已　☐

未来的你

你 　　　　　　　　　　　　　　伴侣

☐ 　成为严格的素食主义者　 ☐

☐ 　领导邻里联防组织　 ☐

☐ 　参加每一次家长会　 ☐

☐ 　参加高中同学20年聚会*　 ☐

☐ 　变得有钱又有名　 ☐

*我知道你一定还保留着当年的校服，就为了这一特殊场合。

第12章

你好，是我

30年后你们会成为什么模样？画出你和伴侣未来的样子，包括白发、厚眼镜和皱纹。在肖像画的旁边，简单写下你们各自的生活经历和职业成就。

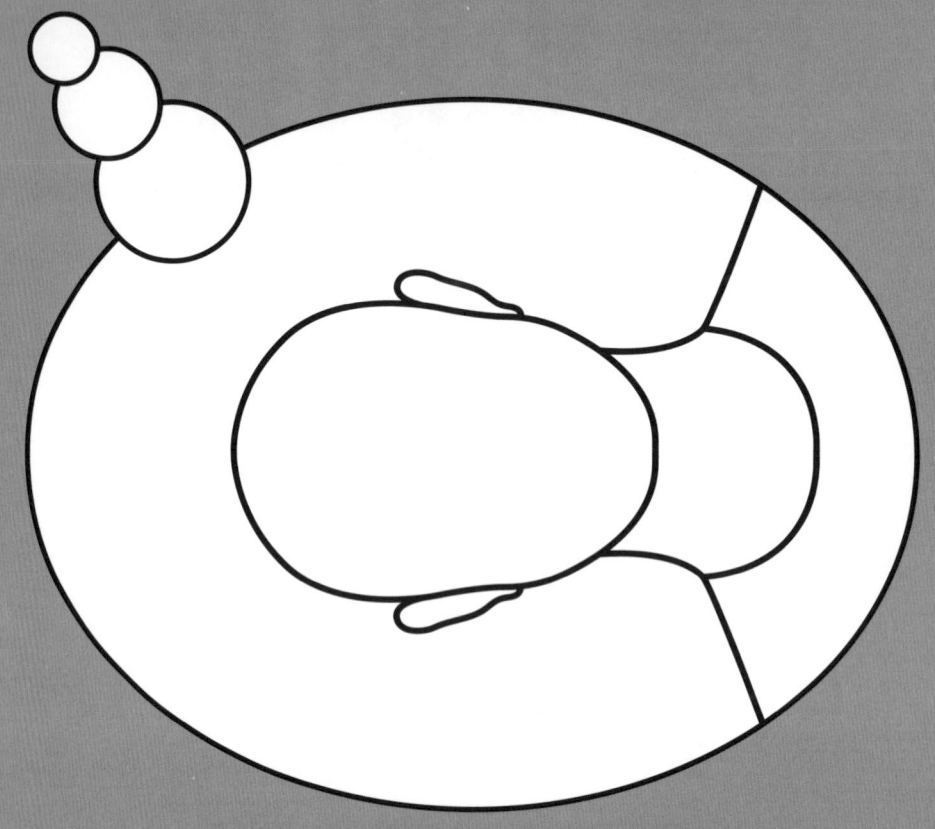

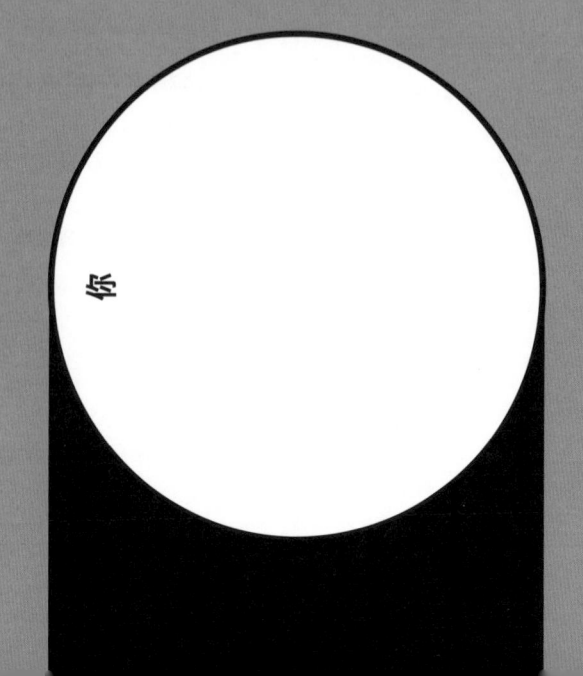

你

214

未来

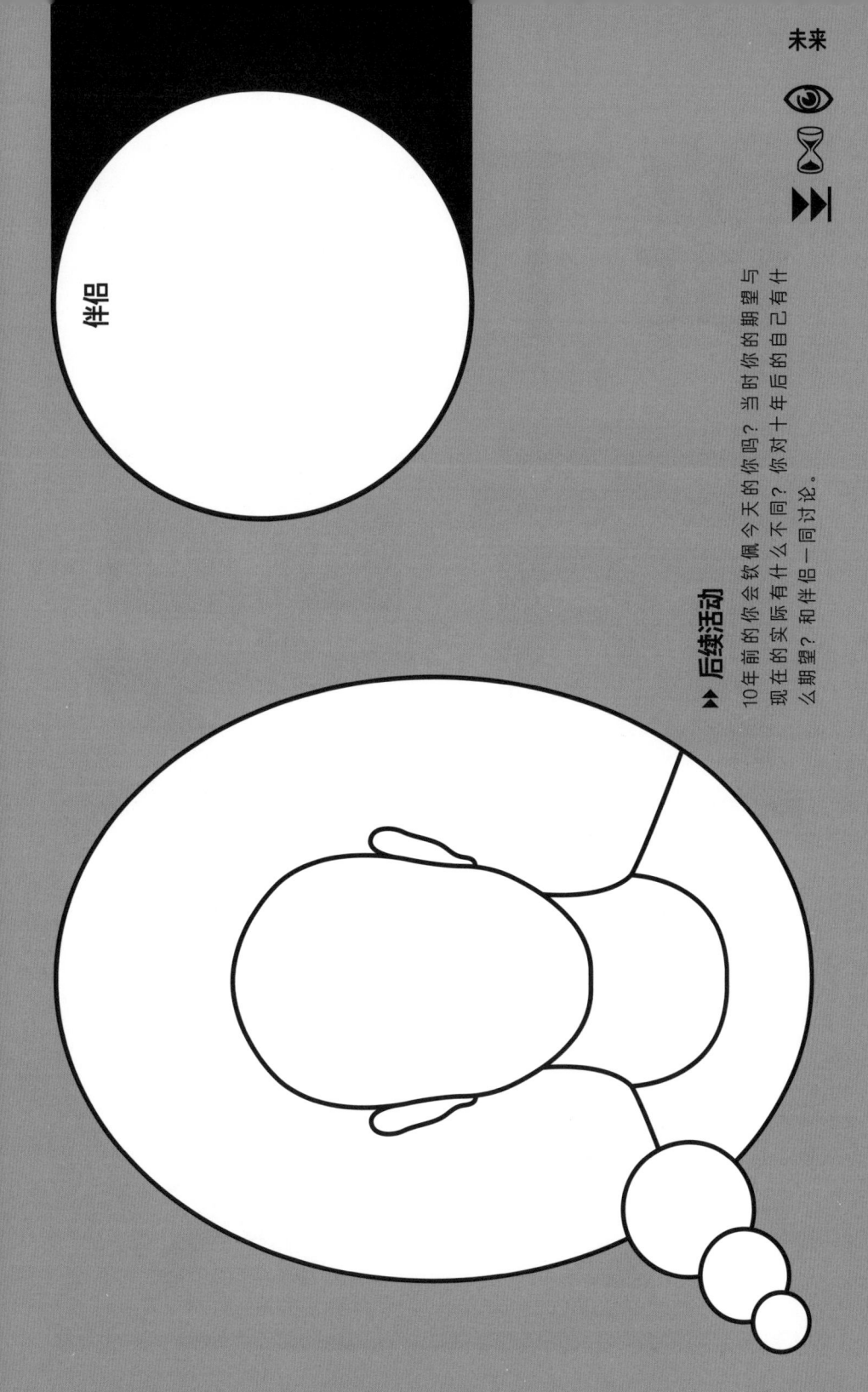

伴侣

▶▶ 后续活动

10年前的你会钦佩今天的你吗？当时你的期望与现在的实际有什么不同？你对十年后的自己有什么期望？和伴侣一同讨论。

215

第12章

接下来的重要事项

未来

未来的你们会是什么模样？如何互相帮助能促使彼此达成期望？在下面列出的四个人生阶段中，设想一下你们将一起分享的生活。人生苦短。正如安托万·德·圣−埃克苏佩里（Antoine de Saint-Exupéry）曾经说过的："没有计划的目标只能是愿望而已。"（这话特别适合法国人）

6个月后

年龄：

职业/职位：

年收入：

家庭人口：

家庭住址：

2年后

年龄：

职业/职位：

年收入：

家庭人口：

家庭住址：

6年后

年龄：

职业/职位：

年收入：

家庭人口：

家庭住址：

20年后

年龄：

职业/职位：

年收入：

家庭人口：

家庭住址：

第12章

未来

@letsdousbook

写下两个目标：一个是你个人的目标，另一个是你们这段亲密关系的目标。讨论一下，在接下来的一年里，你会为这两个目标做些什么。这些问题你会每天、每周、每月都想到吗？

个人目标：

共同目标：

▶▶ **后续活动**

确保你的目标符合 SMART 原则：具体（specific）、有意义（meaningful）、可实现（achievable）、符合现实（realistic）、有时间限制（time-limited）。

219

结语

后会有期

亲爱的恋人们：

嗯，这很有趣（至少对我们来说）。无论这是你第一次还是第五十次讨论这些问题，我们都希望你认可这是一次很有价值的练习。无论你处于亲密关系的哪个阶段，总有办法进一步改善你和伴侣之间的沟通方式。虽然彼此的爱和尊重是最重要的，但也需要团队合作精神，才能不断学习、共同成长。正如苏斯博士（Dr. Seuss）所言："除非有人像你一样关心那些糟糕的事物，不然不会有转机，不可能的！"

本书有望开启你与伴侣有趣而富有建设性的对话之旅，后续的任务还有很多。请继续花时间经营你们的关系。一起探索、沟通和成长吧。

继续往前走。

查理和莱斯

非常感谢！

结语

如果没有下面这些慷慨、有才华且勤奋的人，这本书就不可能完成！

首先也是最值得感谢的人是我们各自的妻子——卡莉和阿什利，感谢你们的爱与支持！爱你们！;)

感谢我们的团队，包括何塞·C. 埃利佐多（Jose C. Elizondo）、詹妮弗·布奥南托尼（Jennifer Buonantony，社交账号为@presspassla）、达蒙·达莫（Damon D'Amore）以及所有传递信息的博客作者和大 V。最重要的是，感谢超棒的支持者（尤其是本书中提到的"全力以赴"的支持者）！

感谢南加利福尼亚大学马歇尔商学院（Southern California Marshall School of Business）和罗西埃（Rossier）的婚姻和家庭治疗项目！特别感谢玛丽·安德烈斯博士（Dr. Mary Andres），婚姻与家庭治疗师露比·乐（Ruby Le）、安德鲁·陈（Andrew Chen）和迪娜·玛戈林（Deena Margolin）。

感谢南加利福尼亚大学黑石创业网络的莉亚·纳尼（Leah Nanni）和詹姆斯·博特（James Bottom）！

感谢所有为本书多个版本提供反馈和测试的专业治疗师，包括家庭与婚姻治疗师玛丽·凯·科哈罗（Mary Kay Cocharo）、劳伦·弗雷耶（Lauren Freier）、认证性治疗师艾米·弗雷耶（Amy Freier）等！

感谢我们的图书出版团队，包括安德烈·桑伯格（Andrea Somberg）、克里斯蒂娜·格蕾丝（Cristina Garces），以及整个哈珀（Harper）设计团队！当然，还要感谢来回公司（Forth+Back）的平面设计师！

作者简介

本书作者是两位结婚不久的男性,他们都很热衷于以有趣和充满创造性的方式,帮助别人过上更幸福、充实的生活。

查理·利格蒂(Charly Ligety)目前是南加利福尼亚大学马歇尔商学院的研究生。他和他优秀的妻子卡莉住在圣莫尼卡。在这本书长达一年的写作过程中,卡莉都极为耐心地提供了帮助,反复阅读作品,提出意见。查理出生于美国犹他州帕克市,在达特茅斯学院获得学士学位。

莱斯·斯塔克(Les Starck)目前从事金融工作。他和妻子阿什利住在洛杉矶,阿什利非常支持丈夫的写作,多次在深夜慷慨地将丈夫借给查理,让他们一起写书。莱斯出生于弗吉尼亚州雷斯顿,在南加利福尼亚大学获得学士学位。

译者简介

颜雅琴，武汉大学心理学博士，国家二级心理咨询师，湖南第一师范学院城南书院心理健康教育中心主任。曾参与编写《自我：文化与心理》《心理学简史》《这才是心理学：犯罪心理学》等多部著作，翻译《乌合之众》《异类之脑》等多部作品。

谢晴，武汉大学心理学硕士，国家二级心理咨询师，湖南警察学院教师，曾参与编写《心理学简史》《这才是心理学：犯罪心理学》等多部著作，翻译过多部作品。

图书在版编目（CIP）数据

我们合拍吗？：双箭头满分情侣速成习题册：全两册 /（加）查理·利格蒂，（加）莱斯·斯塔克著；颜雅琴，谢晴译. -- 北京：北京联合出版公司，2022.1

ISBN 978-7-5596-5538-7

Ⅰ.①我… Ⅱ.①查… ②莱… ③颜… ④谢… Ⅲ.①心理学—通俗读物 Ⅳ.① B84-49

中国版本图书馆 CIP 数据核字 (2021) 第 240577 号

LET'S DO US (BOOK SET)
Copyright © 2019 by Charles Ligety and Leslie Starck
Published by arrangement with Harper Design International, an imprint of HarperCollins Publishers.
本中文简体版版权归属于银杏树下（北京）图书有限责任公司。
北京市版权局著作权合同登记 图字：01-2021-6743

我们合拍吗？：双箭头满分情侣速成习题册：全两册

著　　者：[加]查理·利格蒂（Charly Ligety）　莱斯·斯塔克（Les Starck）
译　　者：颜雅琴　谢　晴
出 品 人：赵红仕
选题策划：后浪出版公司
出版统筹：吴兴元
特约编辑：曹　可
责任编辑：郭佳佳
营销推广：ONEBOOK
装帧制造：墨白空间·詹方圆

北京联合出版公司出版
（北京市西城区德外大街 83 号楼 9 层　100088）
天津创先河普业印刷有限公司印刷　新华书店经销
字数 226 千字　650 毫米 × 950 毫米　1/16　28 印张
2022 年 1 月第 1 版　2022 年 1 月第 1 次印刷
ISBN 978-7-5596-5538-7
定价：138.00 元（全两册）

后浪出版咨询（北京）有限责任公司　版权所有，侵权必究
投诉信箱：copyright@hinabook.com　　fawu@hinabook.com
未经许可，不得以任何方式复制或者抄袭本书部分或全部内容
本书若有印、装质量问题，请与本公司联系调换，电话 010-64072833